曲家琰◎著

做一个家庭稳职场顺的智慧女人

北方联合出版传媒（集团）股份有限公司
万卷出版公司

图书在版编目（CIP）数据

做一个家庭稳 职场顺的智慧女人／曲家琰著．--沈阳：万卷出版公司，2021.11
ISBN 978-7-5470-5718-6

Ⅰ．①做… Ⅱ．①曲… Ⅲ．①女性－修养－通俗读物 Ⅳ．①B825.5-49

中国版本图书馆 CIP 数据核字（2021）第 171222 号

出 品 人：王维良
出版发行：北方联合出版传媒（集团）股份有限公司
万卷出版公司
（地址：沈阳市和平区十一纬路 25 号　邮编：110003）
印 刷 者：永清县晔盛亚胶印有限公司
经 销 者：全国新书华店
幅面尺寸：145mm×210mm
字　　数：120 千字
印　　张：7
出版时间：2021 年 11 月第 1 版
印刷时间：2021 年 11 月第 1 次印刷
责任编辑：范　娇
责任校对：张兰华
ISBN 978-7-5470-5718-6
定　　价：38.00 元
联系电话：024-23284442

前言

爱情与事业是一个古老的话题。对于女人来说，成功的事业是生活的保障，不用去担心男人给不了的东西不会拥有，但是美好的爱情一定是每个女人都向往的，而在爱情中会产生依赖失去自我，那么女人应该如何平衡事业和爱情的关系呢？

现在很多女人不但有自己的工作，还要兼顾自己的家庭，总之，她们真的很忙，有时候会心疲力竭，扮演多种角色的她们真的不容易，有时就是因为这一切，让她们顾此失彼，夫妻俩矛盾重重，婚姻也受到了影响。但有的女人却做得很好，不光工作得很出色，而且把家庭也经营得井井有条。

有这样一种女人，她们自立自信，优雅中带有坚韧；她们精明豁达，干练又不失风情万种；她们光鲜靓丽、能说会道、八面玲珑、左右逢源、游刃有余。

这样的女人也许长得不漂亮，但是却很有魅力。无论走到哪里，她们身上都有着一种令男人过目难忘的别样风情。

她们独立、自信，她们了解男人。她们懂得欣赏男人，从不过分依赖男人。她们有时很沉静，因为她们在整理自己的思想；有时也很活跃，但又很有分寸。她们知道自己该做什么、不该做什么，该说什么、不该说什么。

在生活中，许多女人都非常羡慕清纯女性杨澜成了亿万富姐，魅力女人靳羽西成了杰出企业家，武术冠军李亦菲成了商界女强人，自信女人吴士宏成了打工皇后……而感叹自己的平凡普通。那么，是什么因素造成这种天壤之别呢？难道真有一只命运之手在暗中操纵，让人们各就其位？非也！决定女人一生的不是上天，也不是别人，而是你自己的智慧。

什么是智慧？什么样的女人才算是有智慧的女人？问一百个人会有一百种答案，所谓仁者见仁、智者见智。其实，智慧并非高深莫测难以言表的东西，在不同场合都善于表现独特自己，以此来博得别人支持、帮助的人，就是智慧的人。对女人来说，非凡才识、学富五车是智慧，活泼开朗、热情如火是智慧，乐观自信、豁达坚强是智慧，柔情似水、弱柳扶风是智慧，兰心蕙质、温柔谦和也是智慧……

作为一名女性，如何让自己的家庭更稳、职场更顺，达到爱情和事业的双丰收呢？本书本着简单实用的原则，结合当今女性的实际情况，用通俗流畅的语言，从外在形象、说话方式、做事技巧等方面，详细揭示了成为一个家庭稳、职场顺的智慧女人的秘密。

如果你梦想成为一个家庭稳、职场顺的智慧女人，用智慧开创自己的非凡人生。那么，就请打开这本书，它将让你受益匪浅！

愿天下所有女人都成为家庭稳、职场顺的智慧女人！愿天下所有智慧女人都有一个辉煌人生！

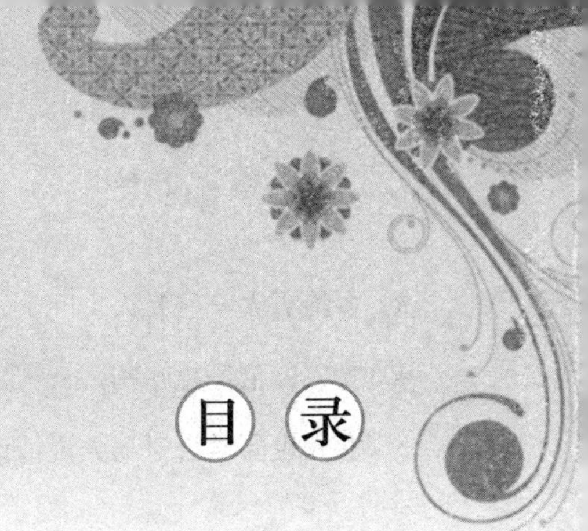

目录

第一章　找个好老公，幸福一辈子

第二章　学会沟通，提升你的幸福感

第三章　爱有技巧，请多用点智慧

第四章　做贤内助，是夫妻也是战友

第五章　善待公婆，家和才能万事兴

第六章　笑傲职场，事业是女人的第二生命

第七章　找准方向，修成职场“白骨精”

第八章 理解上司，做个踩准节奏的舞者

第九章 领导有方，宽严相济彰显女王风采

第十章　美人心计，正确处理办公室政治

第一章 找个好老公，幸福一辈子

女人幸福的前提之一是找一个好老公，而且是要宠你爱你一辈子的男人。但是，世界上的男人千千万，要从中挑选一个一辈子的好伴侣，也实属不易。所以，女人一定要练就一双慧眼，为幸福找一个好归宿。

1. 找到最适合自己的人

作为女人，你只要想一想，你选择一个男人做老公，要和他在一起生活大半辈子的光阴，就不得不小心了。而为了获得几十年的幸福生活，选择老公时一定要找到自己的“白马王子”。

什么样的男人是适合自己的人呢？首先他必须真正吸引你，而你必须弄清楚自己真正的欲望是什么，那些真正吸引你的又是什么，你愿意过怎样的生活。女人通过一次次恋爱更了解自己内心的渴求，而男人也通过一次次恋爱成熟起来——如果他每次恋爱都是认真且专心的。

女人千万不要被所谓的“成功男士”“钻石王老五”所迷惑。这些男人往往从小就被宠坏了，纵横花丛，永远被女人所仰视，永远只在乎自己。对于这些拿女人当衣服点缀的情场“优秀男人”，应该给予狠狠打击，灭掉他们的嚣张气焰。男人的富有与慷慨并不能画上等号。不算富有但对别人慷慨的男人更招人喜欢，他们是那种会对家人、女友甚至陌生人十分友好，而对自己很严格的男人。

当一个女性对另一个人充满好感时，她会觉得对方什么都好，怎么看着都顺眼，这就是所谓的“情人眼里出西施”。把对方理想化是热恋中的人不可避免的做法。但婚后感情的炽焰慢慢熄灭，理想的思考开始慢慢抬头，我们会逐渐冷静下来，重新审视对方与自我，因而会发现，自己以前没发现或发现了也不在乎的缺点会暴露出来，此时便会产生“上当受骗”的感受，其实对方又何尝不是这样想的呢？

那么理想的丈夫是怎样的呢？

（1）温和

性情暴躁、脾气乖戾的男人，人人都会对他敬而远之，女人更是避他唯恐不及。没有好人缘更没有情缘，他处处被人孤立，时时受冷遇，他就像从野蛮之地冲入人群的困兽，没有人情味。

而性格温和的男人，深怀一种和善之心，那么易于亲近，处处显示一种体贴、关怀的善意。戒心强烈、容易受伤的弱女子，投靠温情的怀抱，感受和风细雨温存，她将沐浴幸福，深受陶醉，爱便油然而生。

（2）深沉

深沉是内在的精神修养，是阅历丰富的男子经过磨炼获得的独有魅力。为什么女性选择伴侣喜欢成熟的男人？因为被他深刻的内涵所吸引。

深沉并不是沉默寡言，有的女孩最初也被沉默不语的男性迷惑，但是经过接触她可能发现，他的沉默，或是无思想，或是拙于言辞，或是无主见。

真正的深沉是一种经验，是一种深思熟虑。男人切忌夸夸其谈，口无遮拦，作风轻浮被斥为“嘴上无毛，办事不牢”。深沉还是一种稳健的风度，它不以年龄为标志，更不是老奸巨滑。这是一种少年老成的魅力，是担大任的素质。女人热爱深沉，看重的是这种男人的发展潜力，终身相许的自然是能成大器的男人。

（3）可靠

有首歌中唱道：“男人爱漂亮，女人爱潇洒，潇洒漂亮，却不可靠。”

男人可靠，说明他待人处世可信度强。男人在事业上发展，缺乏令人信任的品质，就很难获得成功的机遇，没有一个上司愿意任用不可靠的下属，没有朋友愿意找不可信的人合作。在情场上常打败仗的，恰是那种不能赢得女人信任的男人。不被信赖，这是男人最不成功的人生。因此，可靠是男人的第一美德，也是男人的最大魅力。

（4）刚强

刚强是一口铁炉，能够将男人炼成钢。百炼成钢的男子，站在女人面前是一根擎天柱，百折不弯，任凭风吹雨打。人们常说，爱情是经不起一发炮弹的木帆船，哪个女人敢于登上这样脆弱的木船去经历几十年的婚姻风雨？刚强的男人能造大船，他能挺立船头为女人遮风挡雨。感情的波折、家庭的困难，一遇刚强，都化险为夷。这种安全感是只有从刚强的男人那里才能得到的，他永远不会做逃兵。

（5）果断

按照东方人的传统观念，男人在社会中应该处于领导地位，男人都应该是女人的领导。有人说，日本为什么发展那么快，就是因为合理高效的男女分工，男主外、女主内，男人主宰社会，女人为男人服务，所以男人都自信心极强，富有决断力。总之，中国的女人喜欢处事果断的男人，女人从根本上决不想缠磨得一个个男人都优柔寡断，办事拖泥带水。

果断的男人令女人尊重。特别是在情侣眼里，唯唯诺诺的男人大丈夫，显得软弱可欺，没有骨气，一个连女人都能欺负住的男人准没出息。男人一挺起腰杆，说话掷地有声，女人就顿起敬意。有主见的男人、遇事勇于做主张的男人，会获得女人的尊重。

果断的男人令女人崇拜。果断的男人有魅力，叱咤风云，指点江山，有领导者风度。女人遇到这样的男人反而崇拜他。

男人在单位树立威信，才能赢得地位。男人在家里树立威信，才能赢得爱。

（6）责任感

责任感强的男人不自私自利。社会赋予男人以神圣的使命，他要创造价值，推动历史进程。因此，男人勇于挑重担，他迎难而上，决不推卸责任。他不讲享受，不图安逸，不损人利己，助人为乐，关怀弱小，疼爱妻儿。与这样的男人相恋相爱，女人会有无上的荣誉感，而这是一笔巨大的精神财富。

责任感强的男人尊重他人。责任感是男人拥有的最高尚的品德，富有责任心的男人一定是个好丈夫，他会尊重爱情，忠于职守。得到尊重的女人，能够保持人格独立，获得身心自由，追求价值人生。想得到的已都拥有，付出了已得到尊重，这样的女人无怨无悔。

（7）独立性

独立性是男人成熟的标志，是男人的立身之本。男人最重要的是精神独立，树立独立人格。

女人不喜欢没有主见的男人。有的男人总被别人左右着，比如谈朋友、找工作都听父母的，整天我妈说如何如何，我姐说如何如何，令女友极其反感。还有的男人整天混在人群里，到处充当随从角色，没有号召力，也没有凝聚力，因此也无足轻重。

男人有了独立人格，才能安身立命，才能发展自我，也才能保护自己心爱的女友，让女友放心地追随你、归属你。

（8）细心周到

细心周到的男人有长者风范，他像守护神一样陪伴女人，他是生活型的男人，与他在一起，女人会受到悉心爱护，他令女人倍增幸福感，这样的男人有女人缘。

他善于倾听，乐于解答，和风细雨，温情脉脉。他喜欢家庭生活，热爱孩子，倾注心血教养子女。

他顾全大局，懂得谦让，忍耐力强，不争不抢，不强迫别人。

他会做家务，勤快主动，一切做过的事情都能达到井井有条。

细心周到的男人极讨女人欢心，也许他做不成什么大的事业，但他会全心全意地爱家、爱妻子、爱孩子。

（9）事业心

有事业心的男人以事业为重，追求发展前途，他把爱情与家庭摆在从属地位，但不能说他不重视，他反而更加需要温暖舒适的家，让他栖息，让他放松，他相信书本上所总结的：一个成功的男人背后，必定有一个好女人。

为什么对于男人来说，事业是人生第一目的？事业心是最值得骄傲的品格，而女人却把男人的事业心排在她们欣赏的诸多优点之后。

这是时代的变迁，导致女人审美观移位。过去，夫贵妻荣，男人的功名利禄，带给女人以炫耀和尊贵。现代社会，女性解放，与男人比肩同行，许多女人的事业心、成功欲不亚于男子。女人自己能够得到的，她就不再感到弥足珍贵了，而且共同追求事业，容易怠慢缠绵的爱情，也容易产生家庭隔阂。个性强的女人是时时都想与男人换位的。

但是男人的事业心，仍是女人相当看重的。男人不思进取，懒惰消沉，甘拜下风，女人则脸上无光，虚荣心大受伤害。

所以，男人不能按照女人的心意塑造自己。事实证明，社会千变万化，男人仍然是社会的中坚，无论女人怎样想，她最终也不愿意选择一个在社会上、在家庭里都无足轻重的男人为夫。不是吗？女人仍把事业心作为男人的一大美德。

有这些魅力的男人才是女人要找的好丈夫。但是，这里有一个误区：任何一个男人都不可能十全十美，只要在某一方面能够满足女人的需要，特别是家庭的需要，那么就可以是个好丈夫。

2. 幸福是自己选择的结果

每个女人都想嫁个好男人，让自己的一生过得舒心顺意。人的一生不是父母一生的续集，也不是儿女一生的前传，更不是朋友一生的外篇，只有你自己才是自己一生的责任人，所以每个女孩都要对自己的幸福负责。

有些20多岁的女生最喜欢依据生日或天干地支来查看生肖和星座运势，常常认为生辰八字早已决定了自己的命运，其实不然，命运是由一个人一生中无数的选择所构成的，而作出怎样的选择就受到心理倾向的左右。

英国诗人吉卜林说："一千人中之一人。"人生短促，人海茫茫，如果幸福仅仅依靠命运的安排，那么你们两个人相遇的概率差不多为零。所以，只把幸福寄托在相遇上几乎是不可能的。

命运不是老天决定的，而是自己选择的结果。幸福的女人并不像我们认为的那样毫无勇气与判断力，而是仅仅靠运气。可以说，世界上任何一个地方都不会有如此好运的女人，而是她们具有选择幸福的眼光，知道怎样得到幸福。正如一句话说的那样："干得好，不如嫁得好；要想嫁得好，就必须看得准。"

为了得到幸福，我们首先需要做的就是练就一双敏锐的眼睛，把感情托付给值得爱的男人。

1. 懂得尊重你的男人

现代社会好男人的标准是：尊重女性。一个尊重你的男人，他对你的爱会比对你的要求多。他尊重你的决定，在你的事业上是一个支持者，而不是一块绊脚石。在你六神无主的时候，他为你出谋划策，帮你渡过难关。

2. 有责任感的男人

社会赋予男人以神圣的使命，他要创造价值，推动历史进程。因此，男人应胸怀大志，有“国家兴亡，匹夫有责”的大气，也有“先天下之忧而忧，后天下之乐而乐”的胸怀，这样的男人一定是个好老公，他会尊重爱情，忠于职守。和这样的男人建立家庭，你不会在虚无缥缈的感情世界里旋转，他对家庭有责任感，对孩子有责任感，对你和父母也有责任感。

3. 家人、朋友都欣赏的男人

俗话说：“姜还是老的辣。”长辈们经风历雨，阅人无数，眼光自然比你亮。当一个男人能够赢得你的朋友、家人的欣赏时，他会是性格温和的人，深怀一种和善之心，易于亲近，处处显示一种体贴、关怀的善意。他不是一个非常易变的人，不会让你觉得很难了解和相处。

4. 有诚意的男人

当一个男人追你追得很有诚意时，虽然他不属于你十分喜欢的类型，但是他有你喜欢的类型的优点，没有你喜欢类型的缺点，却有他自己的优点，这样的男人你就要考虑付出感情。

5. 关爱体贴的男人

怜香惜玉的男人是最能打动女人的，虽说女人有崇拜阳刚的情结，但女人又是特别务实的动物，需要实实在在的疼爱和呵护。体贴就像一只纤纤细手，知冷知热，知轻知重，只这么一抚摸，受伤的灵魂就愈合了，昏睡的青春就醒来了，痛苦的呻吟变成了幸福的鼾声。更像一首绵绵的诗，缓缓地、轻轻地放射出来，飘到你的身旁，扩展、弥散，将你围拢、包裹、熏醉，让你感受到一种宽松，一种归属，一种美。

6.　真心爱护你的男人

若男人真心爱护你，就会尊重你的生活与兴趣。他宁可不点喜好的辛辣菜肴，而陪你吃清淡养颜的时鲜蔬菜。而后会对你提出很多的要求，但都是合情合理，且对你都是有好处的。

7.　胸襟开阔的男人

这样的男人不计前嫌，得理饶人，宽宏大量，特别是对自己的女人更能理解体谅，会使许多矛盾化干戈为玉帛。当然，这种男人表里一致，绝不是表面一副大度风范，私下却是小肚鸡肠，那样必然会走入另一个极端。两个人发生争执时，通常是他最先让步。他会耐心听你说话，如果你是对的，他能够承认错误；即使你不对，他也愿意原谅你。有话可以好好讲，不会动不动就拉下脸来，送你一脸的暴力表情。也不会为一点儿小事发脾气或赌气，自虐或虐人。总之，一个心胸开阔的男人会容得下女人的许多缺点。

8.　有自己爱好的男人

男人如果有爱好，他必定要牺牲自己的时间和精力关心此事，且这种关心是有绝对的主观能动性的，不用催促，不用提醒，他比谁都上心。有爱好的男人，工作之余生活充实，不会每天闲得瞎想，只要身边有自己爱的人，就很少再有精力关注其他女人。于是便从自己那里杜绝了因为大量闲暇时间加之精神空虚而导致的泡妞事件，两个人的世界就不会有第三者出现。

9. 对感情无怨无悔的男人

一个男人一辈子注定会有几次恋爱，他在不断地实践中获得经验让自己完善起来。“专一”的定义并非他只能一生爱一人，而是每爱一个人的时候都一心一意。如果他曾经有过刻骨铭心的感情经历，并为此真心付出过，至少可以证明他是个深情、敢于承诺的男人，一个愿意为感情破裂分担部分责任的男人，不管他有过几次恋爱，也绝对不是他主观上的过错造成的。女人选择了这样的男人，只要现实条件不那么糟糕，是可以“从一而终”的。

10. 不会因为朋友而忽略你的男人

他有他的社交圈，但是不会因此把你晾在一边。他能够独立思考和行动，而并不是唯朋友是从。在与异性交往时，他能清楚地掌握好分寸。

11. 你最想倾诉的男人

当你遇到困难时，最想找的人就是他，因为他是你忠诚的听众，他不会将你深沉的、不愿为人知的话传播出去，也不会讥笑你的无知。在他那里，你可以畅所欲言，无所顾忌，不会因为表达内心深处的想法而担心遭到嘲笑或伤害，他给你一种信赖感和安全感。

12. 深爱你的男人

不管你是不是他的初恋，不管他以前有没有爱过，或许你不是他今生唯一的爱，但过去的已经不重要，重要的是他现在对你深情，他对你的爱超过了你对他的爱，他能专一地爱你，适时地给你惊喜。

一个女人最大的幸福是什么？就是找到自己爱的和爱自己的人。假如你已经获得了这份幸福，就一定要珍惜它，好好爱他，真心爱他，不计较，多体贴，这样幸福的种子自然而然地就会在你和他的心中发芽。

要记住，我们每个人都是带着幸福生活的权利出生的，我们有权来选择自己的幸福。

3. 像选鞋子一样选老公

女人们一直都在寻觅，寻觅适合自己的一切东西，衣服、首饰、皮包，当然也有鞋子，很多女人在选择这些东西的时候都很有眼光，只是在选择自己丈夫的时候虽然把眼睛擦得雪亮，但是到最后却总是上错花轿嫁错郎，因为女人们总用自己选商品时的眼光来选丈夫，而男人却真的不同于商品，善变的男人不是不变的商品，不会总是待在那里任你选择。

正如女人挑鞋子，有些女人很懂得自己长得矮，于是眼睛就盯在高跟鞋上，而那又细又尖的高跟鞋却很是令女人吃些苦头，走起路来如风摆杨柳，一不留神还很容易摔个大跟头，有时甚至摔得头破血流，而后这些女人依然死不悔改，一如既往地偏爱高跟鞋。

不过随着脚上血泡的增多，女人们终于无法忍受了，她们的眼睛也不只光盯在那些华丽的高跟鞋上，简单务实的鞋子更容易搭配衣服，这也越来越成了女人们的共识，如同恋爱不是给别人看的，而是自己一生一世的幸福。所以说，女人的眼光是幸福的最大资本。

男才女貌的婚姻是品牌鞋，养眼的外形，良好的舒适度，但是价格令人咂舌，且需要精心保养；

青梅竹马的婚姻是布鞋，经济实惠，朴实无华，放起来了无牵挂，但是总是羞于穿出去；

患难与共的婚姻是旅游鞋，耐用合脚，灵巧轻便，但是只能共赴风雨泥泞，雨过天晴时很容易将其遗忘；

浪漫型的婚姻是舞蹈鞋，高雅精致，穿上它就如仙子精灵，但是一旦离开光滑的地板，就变得难以适应；

事业型的婚姻是慢跑鞋，它类似于旅游鞋，和脚互帮互衬，但是它有一条固定的跑道，即事业，一旦脱离这个跑道，就显得有些挤脚，也就没有了多大用处；

老少搭配的婚姻是大傻鞋，不管是老夫少妻还是老妻少夫都显得极为特别，也容易引起舆论的喧哗，选择它需要足够的勇气和坚强；

被金钱收买的婚姻是小尺码的紧口绣花鞋，看上去挺美，但只有脚知道：感觉并不好受；

勉强逼迫的婚姻是大铁鞋，沉重得让人寸步难行，一旦脱掉可能会伤筋动骨、皮开肉绽、鲜血直流。

每一种鞋，都有一定的优点和缺点，也有它们的适用范围，丈夫也是如此。选择一个什么样的男人，就意味着选择了与之相对应的生活。脚舒服不舒服，要看鞋子适不适合脚；婚姻幸福不幸福，要看丈夫适不适合你。

鞋子虽然不会说话，但试过之后就知道了。可丈夫又不能试，要怎么办呢？别急，现在就教你几种方法，即使他闭着嘴，你也可以从外在解读他。

1. 从整体穿着来品评

一个从头到脚都穿着同一个设计师设计的服装的男人，跟一个每天都穿蓝上衣卡其裤的男人有何不同呢？他们都是没创意的家伙吗？其实，这样穿着是为了快速达到看起来不错的效果，他们可不愿意花太多心思在打扮上，还有许多更重要的事业等着他们全力以赴呢。

如果这个男人总是走在流行的尖端呢？女生流行百褶裙，他也不甘示弱地买百褶衬衫来穿，这时可要注意了，这代表他花在吸收流行资讯上的时间，比他关心你的时间要多得多。

2. 三秒钟打量法

要在最短时间内认识一个男人，只要掌握两个重点：头发和鞋子。对生活中的小细节关不关心，都会反映在男人鞋子的清洁程度上。头发亦然，头发乱蓬蓬，他的邋遢也就可以略知一二了。这样粗心的男人可就辛苦你了，因为他一定不会记得你的生日，也别提你爱用的香水品牌，甚至搞不清楚你妹妹叫什么名字，你每周换一双鞋他更是毫无感觉。

不只要看他鞋子干净不干净，还要瞧瞧他穿怎样的鞋。如果他嗜穿绑带鞋或总是扎着整齐蝴蝶结的运动鞋，他绝对不是懒惰鬼。他若偏好后空鞋、凉鞋、拖鞋，他可能有点随性，能不能带得出大场面是你需要考虑的。

3. 屋子透露男人性格

如果有机会，你一定要到他住的地方瞧瞧，那正是另一个认清他的好时机。但是，最好是突击造访，如果他早就准备好恭迎芳驾，把房子彻彻底底打扫了一遍，这准确度就会大大降低。

如果，你一进他家门，发现的是乱七八糟一片混乱，千万别大惊小怪，更不要一口认定他就是一个脏鬼，最乱的房子通常是最忙碌、最成功的人士所拥有的，因为他们把时间都花在工作上了。一个事业有成的单身汉家中厨房沾满灰尘是合理的，他们实在没有多余的时间去自己煮饭。

相反地，一个会把内衣裤烫得整整齐齐、袜子按照颜色排列的“超级处女座先生”就理想吗？答案因人而异，可能是Yes，也可能是No。如果你的男友是这样的人，你从此以后可以不用担心冰箱塞成一团找不到东西，屋子里的清洁工作你也可以少做一些，即使你们很要好，这样的男人可能也不会留你过夜，因为他可能会怕你弄乱他的干净床单，在某种理论上，你的存在会干扰到他的干净空间。和“洁癖先生”交往，小心他老是拒你于千里之外。

4. 喜欢堆东西的男人

有些男人从衬衫到旧报纸都堆得整整齐齐的，他把一切东西整理得井然有序，不乱丢任何东西（包括你）。这样的男人通常不大有情趣，但有取之不尽的安全感。要小心的是，他搞不好连前几任女友的相片、信件都完好如初地收藏着。

5.　喜欢DIY的男人

他的家具几乎都是自己弄的，不论是自己设计还是按照说明书上组装，甚至他在大学时代用的也都是二手货。不要嫌他穷酸或抠门，这样的男人其实很有创意，而且勤勉。有一双巧手的男人，在其他方面应该也有不错的表现。

6.　网络迷恋型的男人

许多网络发烧友可以不吃饭，但不能不碰电脑。他们在网络上发表阔论，有一大票网友。在科技进步的现代，这样的男人挺不错的，但除非你也是电脑迷，不然你很容易感到厌烦，而且可能成为没人爱的“电脑寡妇”。此外，能在电脑上侃侃而谈不一定能与人面对面自在沟通，他的人际关系可能要多观察。

7.　高科技型的男人

他花几十万元买录放影机与音响，有高级的荧屏和音响，家里弄得好像小型剧院似的，除非他真的很有钱，而你也是此道中人乐此不疲。不然，说实话，听2万元的音响和听20万元的音响有何差别？这样的享受换来的可能是每餐的泡面度日。

由此可见，女人恋爱不可盲目，应该拥有一双好眼力，像选鞋子一样看穿他的“性格特点”，然后再选择合适自己的类型。

4. 遇到真爱，主动出击

女人的一生什么最重要？爱情和家庭！这两件事情都与一个人密不可分——男人。总有一天女人会发现，跟她们联系最多的是男人，关注最多的是男人，事业上交往最多的是男人，而与她们相伴终生的也是男人。

所以，女人在遇到一个自己心仪的男人时，一定不要轻易地让他逃掉。聪明的女人会主动创造机会，而不是等待机会。她们享受求爱的整个过程，这个过程浸透了她的耐心和技巧。如果你追男人，要记住耐心和高明的技巧是重要的。

办公室新来了一个打字员，叫华。她的电脑桌就在明办公桌前面，明一抬头便看见她那长发披肩优美动人的身影。

华20多岁，是一个清清爽爽的女孩子。她喜欢穿T恤和牛仔裤，喜欢笑，喜欢吃零食。

华来到办公室还不到一个星期，便和办公室所有的人都混熟了——除了明。

明是一个性格腼腆、和女孩说不到半句话就会脸红的人。每次华拿着零食问明吃不吃时，明都赶紧摇头摆手。碰了几次钉子之后，华就不大理明了。

其实，明心里还是蛮希望和她说话的。但每次坐在办公桌后悄悄看着她娇好的背影发呆，被她回头发现时，明都面红耳赤，不要说主动跟她讲话，就连与她那双会说话的大眼睛对视一下的勇气也没有。

有时候，明真恨自己为什么会这么胆小。越是这样想，明上班时就越喜欢走神，工作上也出现了好几处不该有的差错。

正在明不知怎么办的时候，有一天，华的座位忽然空了，一连两天都不见她来上班。明的心里顿时不安起来，悄悄一打听，才知道她生病住院了。

晚上，明买了一束香水百合和一些水果，躲在医院门口，看见探望华的同事们都走了，才敢走进医院。

悄悄来到华的病房门口，明的心怦怦直跳，鼓足勇气推开病房的门，看见病床上的华正在安详地熟睡，明这才松口气。

轻轻放下手中的东西，明呆呆看了华一会儿。

她睡得正香，略显苍白的脸上荡漾着少女迷人的微笑。一张樱桃小嘴抿得紧紧的，似乎是在极力忍着不让自己笑出声来。

明真希望她这一刻能够忽然睁开眼睛看他一眼，但又害怕她真的醒过来。她若用她那双会说话的大眼睛看着他，他又该和她说些什么呢?

明心中忐忑不安，蹑手蹑脚地向外走去，边走边回头看她那张美丽的脸，一不小心，头碰在了玻璃门上，十分狼狈。

“嘻——”就在这时，华忽然“扑哧”一声笑出声来。

明回头吃惊地问道：“你……你没睡着？”

华歪着头调皮地笑着说：“我若不假装睡着了，你敢进来吗？”

明的脸唰的一下红到了耳根，打开门像个被抓的小偷一样逃跑了。

几天后，华病好出院，明的心情却再也不能平静了。

明清醒地认识到自己已经无可救药地爱上华了。而华呢，从此以后也对明亲近多了，买零食总少不了分给他一份，还常跑到宿舍向他借琼瑶的小说看。

暗恋一个人实在是一件痛苦的事。好多次明都想告诉华他喜欢她，可话到嘴边他就口吃起来，怎么也说不出来，他真恨不得扇自己几个耳光。

最后，明实在忍受不了，就写了一封情书，把想说的心里话全写在里面了。第二天下了班，明躲在公司门口，看见华走出来，他二话不说便冲过去把那封揣在口袋里已被他捏出汗水来的情书往她手里一塞，掉头便跑了，远远地传来了华莫名其妙的“喂、喂”声。

跑出好远，他的心还在怦怦直跳。

第二天晚上七点半，华打电话约他到石花公园门口，说有话要对他说。

明知道有戏，兴奋得差点跳起来。哪知在石花公园见了面，看着身着连衣裙打扮得漂漂亮亮的华，他一紧张，老毛病又犯了，脸红耳赤，半天说不出一句话。

华又好气又好笑，让他在石凳上坐下之后，看着他说：“明，我想问问你，昨天下了班你为什么无缘无故塞给我100元钱呢？”

“什么？”明差点跳起来，“昨，昨天我给你的是100

元钱？”

“我……我……”他又说不出话来了。真该死，怎么会在这么关键的时刻犯这种致命的错误呢？

不过他一听说她并未看到他写给她的情书，紧张的心情顿时舒缓了不少，说话也不那么结巴了。他脑子飞快旋转，自圆其说地说：“哦……是，是这样，我知道你刚来公司，开销比较大，怕你钱不够用，所以就，就……”

“就借100元钱给我？”

“正是，正是。”

华看着他如释重负的样子，忽然笑了起采，说：“你真是雪中送炭，我在租房住，现在正缺钱呢。你身上还有钱吗？再借我50元钱好吗？”

“好！好！”他一听，赶紧掏钱。

不久后，发了工资，华将钱还给了他。为了表示感谢，还请他看了一场电影。

一来二去，他和华混熟了，跟她说话再也不口吃了。

几个月之后，华就在不知不觉中成了他的女朋友。

一年后明被提升为公司部门经理，他们的婚礼也在这一天举行了。

婚后，他们一直生活得很幸福。

有一天，妻子在浴室洗澡，叫他帮她拿一件衣服。他打开她的衣柜，发现角落里竟藏着一本琼瑶的小说，他随手一翻，从里面掉出一封信来。

他拾起一看，竟是自己几年前写给她的那封情书。

他心里一震，冲进浴室一把抱住了她……

爱情需要设计，设计的爱情才鲜活。作为女人，你也有对心爱的人表达爱意的权利，你也可以做得很漂亮。不过把握好时机才是最重要的。要是“亮相”不够及时，恐怕是白浪费感情；如果“出镜率”太高，又让他见惯不惊。在什么时候才去主动，只能靠聪明的你随机应变。

第二章 学会沟通，提升你的幸福感

对于女人而言，卓越的口才、有技巧的说话方式，不仅是家庭幸福的法宝，更是征服老公的利器，提升幸福感的有效手段。因此，一个女人可以生得不漂亮，但是一定要说得漂亮。

1. 夫妻间需要沟通

我们总是把最美丽的一面展示给外人，而把最丑陋的一面留给自己身边的人；我们总会以极大的耐心对待外人，但当我们面对身边的他时却暴躁不安。面对外人我们总会侃侃而谈，可是面对身边的他，我们发现曾经道不尽的甜言蜜语变成了现今的无言以对，虽然生活在同一个屋檐之下，是这个世界上最亲的两个人，可是却感受不到一丝丝的温馨。

有一天，一位邻居向我抱怨她丈夫冷漠，平时在家基本能不开口就不开口，即使是开口也是尽快结束。说她一想到回家，面对他那张死气沉沉的脸就来气。

听着她的抱怨我感到很惊讶，尽管我与她丈夫没有过深的交往，但是平日里遇到也会说上几句，他给我的感觉是一个很健谈的人，平日与他谈笑风生，幽默诙谐的话语连珠似的不断从他的口中说出。我都开始怀疑她跟我说的不是同一个人！

后来，经过一番细究，才发现他们两人在外面可以左右逢源，把话说得滴水不漏，可是一回到家，就玩不转了。之所以出现这种情况，是因为夫妻两人之间缺乏沟通，都以为夫妻多年，彼此之间已经熟识到无所不知，没什么可说的。却不知心有灵犀未必就能一点通，眼睛看到的也未必都是真的。于是，在一次次自以为是的误会中让矛盾不断加深。

其实，婚姻中的沟通就像连接南北的桥梁，是双方心灵的交汇，是婚姻稳固的基石。如果夫妻之间没有了沟通，很难想象这样的婚姻还会继续走下去。当然了，沟通也并非是简单的说说话、聊聊天，而是要夫妻双方以积极的、具有建设性的较好的沟通去解决婚姻中所存在的问题，让婚姻向更好的方向发展。那么，怎样才能采用较好的沟通方式呢？以下原则须注意：

（1）表达要明确具体

沟通时要清楚、具体，不可以让对方猜疑或觉得无所适从。夫妻间常说的话是："那还用我讲吗？"意思是，作为夫妻，似乎本该有先知先明。但是，事实并不像人们所期望的那样。因此，夫妻之间可以做的是，比如妻子如果觉得丈夫回家晚，就直接告诉丈夫最好几点回家，而不只是说："下班早点回来。"

（2）实事求是

在批评对方时，不能用"你从来什么家务都不做""你总是把臭袜子到处乱塞"等夸大的表达方式。否则对方会说"我不是从来""我不是总是"，不但不承认被指责的事，而且可能还指责对方不讲理，并纠缠在到底做过多少的"次数"上，以至于转移了主要问题，还引起了双方间的矛盾。

（3）理解肢体语言

人与人之间的沟通有65%是非语言的。人的一举一动都包含着沟通的信息，如果夫妻之间能尽量体会、准确感觉到相互之间的非语言信息，将有助于夫妻之间的良好沟通。

（4）时刻表达感激和爱

聪明的丈夫对妻子的每一件小事都应表示感激之情，即便是给他洗了一下袜子。妻子对丈夫在生活上的体贴、经济上的帮助也应该表示感激。夫妻双方时刻使用“谢谢”两个字，看来无关紧要，实际上这是情感交流的一种有效方式。因为彼此能感觉到自己是被人需要的。有时候，感情交流还需要亲口说出来，最能表达夫妻情意的就是“我爱你”，即便你们结婚多年且关系良好，也不要忘了这三个字。它会帮助夫妻之间架起一条全天候的通信线路，使不幸的日子可能变得美好，使美好的日子变得更加幸福。

（5）感受对方的心境，倾听对方的意见

夫妻应当知道彼此的需求，如果丈夫回到家里显得忧虑和沮丧，妻子就应给丈夫多一点儿亲昵和爱抚。同样，当妻子郁郁寡欢时，丈夫也该坐下来聆听妻子的心声。这时需要双方增加沟通和了解，帮助对方解决内心的冲突。无论哪一方在学习、工作和生活中受挫，另一方都应冷静明智地给予对方关怀。

（6）求大同，存小异

为了让夫妻的感情沟通畅通无阻，交流思想更富有意义，夫妻双方应该在生活的各领域内求大同、存小异，力求缩短彼此之间的心理距离。

（7）选择时机

良好的沟通需要较为合适的时间安排。在对方情绪比较好的时候，谈一些棘手的问题，可能有助于减少冲突。在对方正处于比较紧张焦虑的工作或生活状态时，尽量与对方谈一些轻松愉快的话题。这其实也是传达着对对方的尊重、体贴和理解的信息。时间和话题的选择本身就是一种良好的沟通方式。

（8）学会倾听

良好的沟通除了表达之外，耐心地倾听并给予反馈也是非常重要的。倾听不仅有助于了解对方，而且也是体贴尊重对方的表现，同时也是在向对方传达着这样一个信息：你也应该这样倾听我的声音。

（9）深入交流

不管是子女教育问题，还是夫妻的感情问题、性生活问题等，夫妻双方都应有深入的交流，这样才能达到真正的相互理解。

（10）赞美和表扬

不断鼓励和表扬对方，是夫妻良好沟通的有效方式。并且，夫妻之间的相互赞美多于指责，则非常有利于夫妻关系健康的发展。当然，表扬时应具体，不论事大事小，只要对方做得好，就要不断给予肯定。这样做可使对方感到你真的很在意他，并会促使双方做得更好。

总之，婚姻是一辈子的事情，要想家庭幸福就一定要做好夫妻间的沟通。如果一个男人有了难事，可以告知自己的妻子，那这个男人无疑是幸福的。他的压力也被分解了、减轻了，夫妻之间再商量着去解决那个难事，就能水到渠成、事半功倍了。

正所谓同呼吸、共命运，夫妻理应如此。如果生活中你们步调一致，沟通顺畅，有问题两人一起面对，有困难两人一起解决，真正做到夫妻同心，那事业一定会顺风顺水，家庭也一定会和和美美！

2. 把丈夫“吹”起来

赞美是一种聪明的、隐藏的、巧妙的“献媚”。生活需要真正的赞美来调和，成功需要赞美来填充颜色。成功正是由于赞美才更加耀眼。只有认真地发现值得赞美的点点滴滴，人们才能够看到充满阳光的明天。世界也正是由于这些赞美才变得如此扣人心弦，摄人心魄。

在男女相处中有这样一个原则：作为女性，不要对男人过于苛刻，过分挑剔，更不要拿别的男人和他来比较，应当温柔地鼓励他、赞赏他，为他打气加油，努力寻找他身上的闪光点。当他把一件很平常的事情做得非常圆满，当他向他的梦想迈出了小小的一步，女人就应该及时地赞美他。这个时候，女人的赞美不仅仅是一种肯定，而且是在向他“注射”自信，同时也增添了自己作为女性的魅力。女人的赞美会改变男人的人生观和处世方法，让男人感到他有义务和激情去更努力地工作，为了家庭、妻子，为了两人以后的美丽人生而努力获得更大的成功。

有人说，男人是通过征服世界来征服女人的。因此，女人的赞美在男人眼里甜蜜无比，这会很大地增强他的自信心和成就感。无疑，男人会认为，女人的赞美是他个人魅力的象征，显示了他征服世界的实力，因而会产生很强烈的人生满足感。因此，聪明的妻子千万别忘了这一招：称赞自己的丈夫，夸耀丈夫的特长，表扬丈夫的优点，把丈夫“吹”起来！

林琳在外企工作，月薪不低。她丈夫所在的公司虽然也不错，工资却不及妻子。但无论是在自己的朋友面前还是在老公的朋友面前，林琳从不夸耀自己，总是力捧老公。她经常在别人面前夸丈夫电脑知识懂得多，英语说得一级棒。一次在和朋友聚会时，林琳很自豪地说：“有时候，我工作用的电脑出了问题，打个电话，他就知道出了什么毛病，比我们公司的网管都厉害。”

在和丈夫一起去参加他的同学聚会时，林琳也不忘了把丈夫夸耀一番：“有一次我们公司要我翻译一个法律文件，有些地方我怎么都翻译不对，他可好，拿到文件不到半个小时，就全都给翻译出来了，又快又好。”

一次，丈夫的同事来家里做客，问林琳：“听说你比你丈夫的工资都高啊？”林琳笑着说：“高不了多少，其实还是我老公的能力更强。无论是日常生活中的电器修理，还是做菜做饭，还是体育运动，他真是什么都在行。他对诗词歌赋、前沿科技都很有兴趣，是一个知识渊博的人，对人又真诚，嫁给他是我的福气。”一旁的丈夫听在耳里，美在心里。

不用妻子督促他学什么，他就自己决定报学习班充电。渐渐地，他被上司提拔，薪水也逐渐增加了。

人都有一种倾向，就是依照外界强加给他的性格去生活。如果你总是抱怨男人的不是，他很可能就真的会一事无成。聪明的女人不会不厌其烦地数落男人的缺点，而是会发现他们的优点和长处，不失时机地称赞、夸耀他们，而男人们也会慢慢向女人所期望的方向努力。

当男人听到女人诸如“你真是了不起”“我为你感到骄傲”“我能拥有你真是幸福”的赞美，几乎所有男人都会心花怒放，高兴得跳起来。给男人“捧场”是对丈夫的一种激励，这比直接“教训”的言语更能推动他满怀激情地尽力去把事情做好。反之，如果一味暴露、责备、指责，只会使男人的意志更加消沉，更加自卑，更加无地自容，更加不思进取，并最终一事无成。

聪明的妻子能够时时注意到丈夫的长处，还能将丈夫的缺点降到最低的限度。记住，一个男人无论长得美丑、事业是否成功，他都希望自己在女人的眼里是最棒的，这是女人用赞美赢得男人心的关键。但女人在赞美男人的时候，要遵循以下四大原则：

要有真实的情感体验。这种情感体验包括：女人对对方的情感感受和自己的真实情感体验，要有发自内心的真情实感，这样，女人的赞美才不会给男人虚假和牵强的感觉。带有情感体验的赞美既能体现人际交往中的互动关系，又能表达出自己内心的美好感受，男人也能够感受女人对他真诚的关怀。

符合当时的场景。对男人的赞美，只需要一句就够，只要此情此景之时，和对方的想法合拍。

用词要得当。女人要注意，观察男人的状态是很重要的一个过程，如果男人正处于情绪特别低落期，或者有其他不顺心的事情，女人过分地赞美往往让对方觉得不真实，所以一定要注重对方的感受。

相信自己的感觉。“凭你自己的感觉”是一个好方法，每个女人都有灵敏的感觉，也能同时感受到对方的感觉。女人要相信自己的感觉，恰当地把它运用到赞美中。如果一个女人既了解自己的内心世界，又经常去赞美男人，相信彼此之间的关系会越来越好。

此外，赞美一个男人要把握哪些要点，并且取得预期的作用呢？在这方面，魅力女人堪称专家，她们有如下经验：

赞美男人的经济地位。一个人的地位会直接影响他的生活，甚至影响其性格、习惯等。男人以地位高贵为荣，女人也会对有地位的男人刮目相看。地位是相对而言的，女人不妨以宽松的标准去看待男人的地位，并且给予得体的赞美。

社会地位中，能凸显男人身份的主要有政治地位、经济地位和名人地位。政治、经济地位比较好理解，名人地位的概念则比较宽泛，包括多方面的内容，可涉及社会中的每个领域和行业。同时，名人地位也是相对而言的。他可以是一个小县城的名人，也可以是一个地区、省城的名人；可以是一个行业专家，也可以是一个单位里的行家。

追求地位是无止境的，赞美男人的地位要找好合适的比较对象，进行对比式赞美。你也可以将他的过去与现在比较。如果他大不如从前，也可以如阿Q般赞美他曾经辉煌过。如果他今非昔比，则可赞美他越来越有地位了。

赞美男人的风度。异性相互吸引和欣赏是一个普遍的法则，所以，女人具有赞美男人的天然优势。

男人未必需要容貌的完美，但需要有一定的气质风度。女人赞美男人的风度应掌握男人的特点，男人的形态、举止言行、服饰打扮等方面都是与女人大不一样的，也就是说要掌握赞美男人的风度的标准。

对男性直接而大胆地赞美容易招致误解。因为这种赞美方式的感情烈度比较强，不符合异性交往所要求的距离感，它有时会使男性感到舒服，有时又可能会对你产生非分之想，而这些并不是你赞美对方的初衷。

如果你面对的是一个比较熟悉的男人，可以稍微夸张、玩笑式地赞美其风度，这样显得友好、亲切。风度，也可以是一种总体的感觉，可以具体，也可以笼统。比如："据说你风度非凡，今天看来果然名不虚传。"风度有多种形式，我们可以理解为更广义的，也可以从多个角度去看待，如绅士风度、大将风度、学者风度、经理风度等。这样才能赞美出新意。

赞美男人的学识。"知识就是力量"，在知识经济时代，人们崇拜的是知识英雄。男人只有具备丰富的学识，才有可能取得令人羡慕的成就。

赞美男人的学识，首先要弄清楚什么是有学识，才能给予合适的赞美。事实上，像钱锺书、季羡林这样的学识泰斗，毕竟是凤毛麟角。所以，对一般人我们应因地制宜、因人而异地给予赞美。

另外，赞美男人的学识不同于赞美男人的地位、风度。赞美男人的地位也许会使人认为你是势利的。赞美其风度，则有可能认为你是多情的。赞美其学识，相对而言更为理所当然，因为学识能产生很好的社会效应，人人都尊重有学识的人。

3. 多给男人一些私人空间

手上的沙子握得越紧，它流失得越快，夫妻之间也是一样，要让彼此有一个自由的空间，那会使你的婚姻生活更加的完美。

男女恋爱时，有人说好的跟一个人似的，一天几十个电话不说，饭一块吃，路一块走，书一块看，痴男怨女形影相随，爱得死去活来、轰轰烈烈，让人感动至深。可是，结婚后，男人就像换了一个人似的，结婚前答应每周看一次电影，现在一个月看一次就不错了；答应下班和自己一块去逛商店的他，却和朋友喝酒到深夜，不催根本就不想回家这档事；你精心准备了一天的晚饭，他回家吃上几口，心不在焉说几句“这个咸了，那个淡了，这个萝卜没洗干净，那个菜油太多了”，吃完饭把碗一扔就去抽烟看球了。你总想跟他聊聊，谈谈他的工作，你的衣服，还有周末陪你回娘家的事，你刚说上两句他就直跟你嚷嚷。把自己搞得筋疲力尽，婚姻生活由浓浓的咖啡变成了毫无生气的白开水，你心里也在嘀咕：“他是否不再爱我了？他是否有别的女人了？”

于是你盯得更紧了，嘘寒问暖事事操心，不过他好像更反感了。难道真应了那句：婚姻是爱情的坟墓。

事实上，男人忙完一天工作，交际应酬迎来送去大多已经筋疲力尽了。回家好不容易想落个清静，彻底放松一下。这时，如果你再黏住他，心情不好是想当然的了。同时，这爱情犹如橡皮筋，不能总是绷紧了不放松。爱情亦如人的大脑的神经系统，时间长了一定是要歇一歇的。年轻男人步入婚姻后，总想保持恋爱时的浪漫和甜蜜，又想衣食无忧无牵无挂。实不知柴米油盐酱醋茶，样样要操心，而他操心完家里的事情更要操心工作上的事。两人都很疲惫，这时如果你再不分时机黏住他，后果可想而知了。况且，爱情不可能总是处于“巅峰”状态，夫妻的爱情是一种平平淡淡的感情，但是，这种感情并不排斥高潮的出现。这时，女人最好能与男人保持一段距离，适当分别一阵子会更好。

这时，与男人保持一段距离的好处在于：夫妻的短暂分离使爱情暂时处于一种相对平静的环境中，如人疲惫后歇歇脚一样，醒来了，精力更充沛。爱情打个盹儿后，在双方各自的心中会形成对爱人的一股悠悠思念，好像男女回到了恋爱那时候。因而，爱情的形成亦需要更新，若总是如新婚前后那样形影相随，如胶似漆黏在一块，早晚两人会产生倦怠的心理。让爱情歇歇脚。尽管爱情是我们生活中的重要内容，但绝非唯一的内容。更多的时候，夫妻双方还承担更多的责任，要腾出精力来实施自己的义务。如照顾双方家里的二老，抚养后代都要有个计划。同时，还要承担对社会的一份责任，为社会做出自己应有的贡献。因为，爱情是维系于生活现实中的，解决了婚姻家庭中的许多实打实的生活问题，爱情才有所附着。总之，爱情是不能脱离生活的。

实际上，许多人都有过这样的体验——距离产生美。人若长期接触同一事物、同一工作，就会产生疲劳感，即使是一首很美妙的音乐、一幅很美的图画，如果您每天听、反复看，原先的美感也会逐渐消失。同样，如果婚姻生活每天重复着同样毫无变化的日子，两人天天黏在一块，彼此就会产生厌倦。所以，不要时刻黏在一块，适当地保持一段距离，对两人的感情历久弥新是很有补益的。

很多婚姻出现问题，甚至最终导致离婚，并不是因为第三者等外部因素，而是夫妻双方自身的问题。不少这样的女子，她们对丈夫一向奉行“高压和管理政策”，一方面她们不甘心平淡，希望丈夫成为人上人，于是想方设法、旁敲侧击地施压，给予男人很大压力。

一般情况下，在丈夫真正成了气候之后，女人往往自己还在原地踏步，于是有了危机感，拼命想“抓紧”婚姻。比如，干涉丈夫的生活，除了管生活小事，还要管他的钱包、查看他的短信，就连对方的工作都恨不得插一手，管来管去两个人感情越来越糟，可是她们往往意识不到自己有什么问题，反而觉得理所应当，她们认为自己为这个家、为对方付出了一切，当然应该享受这份婚姻，享受到丈夫更多的爱，更可怕的是因为对自己缺乏信心，害怕失去对方便无休止地怀疑和猜忌。

可是，她们忘了，她们的爱已经成为了一种沉重的枷锁，套在了男人的身上，对方已经感觉不到一丝爱的甜蜜。其实，女人看重婚姻本没有什么错，只是当你越想牢牢地掌控婚姻，拴住男人的时候，那婚姻却越容易出现危机，那男人反而会离你越来越远。

其实婚姻中的男女，应该是独立的个体，拥有自由的私人空间、拥有自己的朋友、自己的爱好、自己的事业。不想因过分依附于对方，而失去自我。在感性的爱情里也不要忘记留存一点理性的生活空间，不要试图去主宰什么，因为这世上没有任何一个人愿意成为他人的傀儡。有一个小故事很好地说明了这个道理：

一个女孩问她的母亲："在婚姻里，我应该怎样把握爱情呢？"母亲没说什么，只是找来一把沙，递到女儿面前，女儿看见那捧沙在母亲的手里，没有一点流失，接着母亲开始用力将双手握紧，沙子纷纷从她指缝间泄落，握得越紧，落得越多，待母亲再把手张开，沙子已所剩无几。女孩看到这里，终于领悟地点点头。

婚姻的道理与此相似，要想让婚姻长久、美满、幸福，那就不要每天"盯着""看着""防着""握着"，千万别把婚姻"抓"得太紧！夫妻间有所保留，这不能视其为对爱情的不忠，这是一种夫妻相处的艺术。夫妻就像两只相互依靠彼此取暖的刺猬，远了，温暖不到对方；近了，会被对方身上的刺扎到。一次次冲突之后，慢慢调整距离。

某一天的早晨，孟先生在临出门之前，突然说，今天和朋友出游。以往，去哪里，孟太太不多过问，他也会随口告诉她。可这一次，孟先生招呼不打一声就宣布出门。她有些生气。出游这件事，一定是事先约的，至少前一天就约好了，他为什么不说一声？他还有多少事瞒她？孟太太心里不悦，拦着让孟先生说清楚。孟先生心里着急，嚷嚷道：“我的吃喝拉撒睡是不是都得给你汇报？”然后摔门而去。

孟太太开始赌气，在接下来的好几天里，不管是晚回家、和朋友吃饭，还是去娘家，一概不告诉孟先生，也闭口不问他的一切事情。孟先生终于忍不住了，跟太太说：“我现在才知道，你丝毫不在意我。是吗？”

“你不是说吃喝拉撒睡都不用向我汇报吗？”孟太太狡猾一笑。孟先生一愣，也笑了起来。此后，孟先生有事外出都会先说一声，让孟太太放心。

我们和朋友一起吃饭，大家点菜总是以合适为原则，宁可少一点欠着一点，但是感觉舒服，胃有空间心灵才有空间。同样，对待感情，夫妻之间的要求也是半饱为好，彼此都有空间才不会那样局促无奈。不过，空间的距离很好测量，心理的距离却难以把握。爱情的安全线，恰恰是看不见而不摸不着的心理距离。有些时候，真的就是这样，夫妻双方因为爱而彼此走近，近得恨不能不分你我。于是走进婚姻，长相厮守。此后，彼此的距离慢慢地，在不知不觉中一点点拉开，亲密有间。

给彼此一些空间，不要以为走进了婚姻就是走进了坟墓，夫妻双方都有自己的生活圈子，自己的爱好，偶尔出去放放风也未尝不可。这样不至于两个人天天拴在一起，由熟悉到产生陌生感，无话可说。距离产生美，婚姻生活也需要距离来为它保鲜。

4. 女人，请停止唠叨

著名专栏作家桃乐丝·迪克斯曾说过：“一个男人能不能从婚姻生活中得到幸福，他太太的脾气和性情比其他任何事情都重要。即使她拥有全天下的每一种美德，但如果脾气暴躁、唠叨，那么她所有其他的美德便都等于零。”但在生活中，我们却总能看到妻子追着丈夫絮絮叨叨，丈夫则“惜字如金”，最后说着说着一场战争也就爆发了。比如，下面这对夫妻。

丈夫拖着沉重的身子，一脸疲倦地回到家里。

妻：“你今天很累吧？”

夫：“嗯。”

妻：“吃过晚饭了吗？”

夫：“吃了。”

妻：“都吃了些什么，还饿不？”

夫：“不饿。”

妻：“明天准备怎么安排？”

夫：“还不知道。”

丈夫回到卧室，打开了电视机。妻子还在不停地和丈夫说话，丈夫一边看电视，一边心不在焉地答应着。

终于妻子有些火了，说：“你是块木头呀，能不能多说几句话。你什么意思呀，是不是烦我了？哼！这么快就给你追到手了，你当然不会珍惜。”

丈夫一听，也不相让，说：“你不知道我工作很累吗？回到家还这么唠叨，一点儿都不知道体谅我。”

妻子更生气了：“一回家就拉个驴脸，给谁看啦，你要是烦我了就明说，不想一起过就别过了。”

于是，两人开始争吵起来。

著名的心理学家特曼博士对1500对夫妇做过详细调查。研究表明，在丈夫眼中，唠叨、挑剔是妻子最大的缺点。另外，盖洛普民意测验和詹森性情分析两个著名的研究机构，它们的研究结果都是相同的。研究发现，任何一种个性都不会像唠叨、挑剔那样给家庭生活带来巨大的伤害。

其实，唠叨是一种心理问题，源于妻子对婚姻的憧憬与现实的落差的无可奈何心理的反映。如果你仔细观察，你就会发现爱唠叨的往往是那些不快乐、不幸福、抱怨多多的女人，因为得不到丈夫充分的关爱，在对婚姻较失望的时候，就会通过唠叨来表示对丈夫的诸多不满。可是女人你必须了解，唠叨是一种错误的方式，它不仅对你提出的问题无益，反而会引起丈夫的反感，还会时常让丈夫处于防备和自卫状态，以此来逃避来自你的指责和干涉。

因此，女人们，即便你对婚姻有许多的不满，也请你别选择唠叨，而应管好嘴巴，最好能够惜字如金。如果婚姻中的女人发现自己在不知不觉中变得唠叨了，特别是家人开始对自己有不满情绪时，就要引起高度的重视，这表明你需要学习家庭沟通艺术，并采取行动改正自己的唠叨了。以下方法可供借鉴：

（1）合理安排生活

长期的疲乏往往会转换成一种唠叨的倾向，最好的治疗方法就是把个人生活安排得更有效率一些，找出疲乏的原因，并消灭它。

（2）训练自己凡事只把话讲一遍的习惯

俗话说：话说三遍淡如水。如果一个女人必须很不耐烦地提醒丈夫三四次，说他曾经答应过要一起做某件事。莫不如只认真地对他说一次，如果他现在已经在做了，她就不用再浪费唇舌多说几遍了。

（3）找准时机说话

傍晚时分，一家人身心都很疲惫的情况下，或者是对方遇见烦心事的时候，唠叨会成为家庭矛盾的导火索。智慧的女人会创造一个温馨的港湾来接纳家人，夫妻之间的矛盾找准了时机再谈，就会缓和许多。

（4）培养幽默感

幽默感能使女人保持良好的心情，如果一个女人对芝麻大小的事也会生气，早晚会精神崩溃。所以，女人要学会用宽容、幽默的态度对待生活中不如意的事，而不是整天紧绷着脸，更别为了一些微不足道的芝麻小事，而将夫妻间的感情变成淡漠。

（5）疏导压抑性情绪

心理学家认为，压抑性的事情常常会造成女人的唠叨。婚姻的问题、事业的挫折、对生活的不满等，面对生活中的诸多不如意，女人常常以唠叨、埋怨、诉苦的方式发泄出来，但女人要知道，以唠叨的方式来发泄，只不过是火上浇油而已。女人消除这些压抑性情绪的最佳途径是：分析自己的心理因素，找出这些问题的源头，并适当地疏导，让它们发泄出去。

5.女人也要学会对男人说情话

女人总是习惯了听男人的甜言蜜语，却不曾对男人说过什么情话。其实，男人也有情感需求，尽管没女人那么多，但他们也很想听到女人的甜言蜜语，这或许就是人的天性。当女人一味地要求男人对你信誓旦旦、海誓山盟的时候，你是否对男人做出了承诺？他们也是人，他们也希望听到你的甜言蜜语！

爱情需要真心相待，但是偶尔也需要一些小小调剂，对你爱的男友说一些情话，会使你们的爱情更紧更黏。可如今，许多都市爱侣在繁杂的生活压力下，渐渐失去了自有人类开始就有的这种最简单的表达爱的能力，成了“情话哑巴”。

离婚手续终于办完了，高亚明如释重负地轻叹了口气，舒雅的心却一下子疼了起来。舒雅问他：“终于解脱了是吗？”语气里满是辛酸。高亚明苦笑着说：“你看，你还是这样。”舒雅的眼泪不争气地流了下来。

离婚的事在一周内匆匆解决，高亚明如此快的办事效率给舒雅一个感觉：他在外面有了女人。想到这儿，舒雅的眼泪流了出来，但她并没有过多地争取复合。

高亚明在一家金融公司工作，薪水很高，压力也不小。他经常加班，回来很晚，没多少时间和舒雅在一起。和他一个公司的张鹏，经常带着老婆出去玩，舒雅十分羡慕。她曾多次跟老公说起自己的感受，开始，高亚明还用“以后多带你出去玩”搪塞，后来干脆就置之不理了。

离婚后，他们之间变得坦然了不少，舒雅也突然发觉，高亚明也不像以前那么忙了，他有充足的休闲时间。

半年后的一天，高亚明给舒雅打电话，他说有了理想的伴侣，想在结婚前跟她吃顿饭。舒雅心里忽然难过起来，却笑着说：“‘接班人’找得还挺快，要不带上那位，我也欣赏一下。”

那天，舒雅特意去买了件新外套，而且还精心地打扮了一番，她可不想输给高亚明的“理想伴侣”。可高亚明是一个人来的，看起来成熟稳重了不少。在一家以前常去的饭店，他们又坐在了一起，舒雅忽然有种恋爱的感觉。

高亚明要了瓶酒，把酒杯倒满，喝了两口。看着舒雅，接着说：“小雅，我没有外遇，从来没有过，你不知道以前我是多么爱你。”

舒雅问他：“没有外遇你干吗和我离婚？还跟别人说受不了我。是我太丑了，还是嫌我钱挣得少？”

他苦笑道：“和你直说吧，我爱你，可是受不了你从来不给我一两句赞美或鼓励的话。我每天工作那么累，回来后你还要说我比不上这个比不上那个，我心里憋屈。”

从这个事例中可以看出：男人和女人一样，也爱听甜言蜜语。不会说情话的女人，生活是暗淡无光的。

在现实生活中，男人作为家庭或者说未来家庭的保护神，除了承受着社会、家庭、爱情等方面的压力，还要不时迎接自尊给他们带来的挑战。当一个男人不管不顾地陷入爱情的时候，就是他最脆弱的时候。在这个时候，女人一句美言就能让他备感关怀。所以，作为一个女人，你要学会适时地把自己的甜言蜜语送给他，博得他的欢喜和宠爱。

情话是古今中外婚恋生活中最唯美、最富诗意的一部分。正是因为它的存在，爱情才变得甜美。

说情话是一门技巧，不但是感情间的润滑剂，也是生活乐趣的调剂。

情话，是表达爱的最直接的方式。由真爱而引出的情话，往往充满智慧和乐趣。有时候简简单单一句情话就让你的男友心花怒放。以下几句情话，懂爱的女人一定要学会。

（1）我爱你

是的，男人也爱听你说“我爱你”，虽然他们自己并不爱说，但他爱听的理由其实和你一样。所以请说，而且用主动语态说，而不是说：我也爱你。

（2）你怎么什么都懂啊

喜欢听赞美的话是人的天性，男人也是如此。哪个男人不喜欢在心爱的女人面前有良好的表现，他们努力让自己很出色，但是却少有女人夸奖和赞扬，不要那么吝啬，即便他没有你想的那么出色。

其实，很多赞美的话都是废话，谁不知道自己的本事有多大呢？可是往往这样的废话会成为男人的兴奋剂。此类赞美是一种鼓励和承认，没有男人不喜欢。

（3）你真大方

在当今这个物质社会里，慷慨大方的男人相对还是不多的。如果他为你买了一份价格不菲的礼物，这说明他非常在意你，而你在接受礼物的时候也不妨夸他一句“你真大方”。

（4）你的嘴唇好性感

每个人的性感标准也不一样，如果你这样说，他一定上心高兴。嘴唇薄透着坚毅和克制，嘴唇厚代表多情和温柔，嘴唇不薄不厚就是无可挑剔了，你怎么夸他都不为过。可是很少有女人注意男人的嘴唇，男人也很少把嘴唇当作炫耀的资本，只是你夸男人的嘴唇性感的时候，他们仍旧会照单全收。

（5）你真幽默

有幽默感的男人是十分有魅力的，称赞一个男人有幽默感，绝对比夸他长得帅、大方慷慨来得有分量。所以，如果你夸一个富有幽默感的男人“你这个人真逗！”或“你真幽默！”他一定很高兴。

第三章

爱有技巧，请多用点智慧

美好的爱情，美满的婚姻，构成了女人幸福的人生中最为重要的一部分。其实爱情是一场博弈，相处更是一门学问，它需要的不仅仅是爱，更是智慧。爱并不是全心地付出一切，而是有技巧、有法则、有规律的。女性朋友们，请智慧地爱，千万别让你的爱成为对别人的伤害。

1. 装糊涂是一种明智

古人云："水至清则无鱼，人至察则无徒。"这句话同样适用于婚姻。细细想来，我们汉字中的"婚"字，拆开来看，就是一个"女"字和一个"昏"字，假如女人不昏了头，糊里糊涂，也许世上就没有爱情和婚姻了。

清代著名诗人、书画家郑板桥曾写过一个条幅："难得糊涂"。条幅下面还有一段小字："聪明难，糊涂难，由聪明转入糊涂更难……"当然，这里所讲的"糊涂"是指心理上的一种自我修养，意在劝人明白事理，胸怀开阔，宽以待人。所以真正难得的糊涂，是一种聪明升华之后的糊涂；是一种涵养，心中有数，不动声色；是一种气度，得道高深，超凡脱俗；是一种运筹，整体把握，不就事论事。一个女人要是做到这些，她一定是最"糊涂"、最聪明的女人。

作为女人，对一些生气烦恼也无济于事的情况，要学会"糊涂"对待。"糊涂"既可使矛盾冰消雪融，又可使紧张的气氛变得轻松、活泼，从而保持心理上的平衡，避免许多疾患的发生。当女人处于困境时，"糊涂"一点儿能使自己保持心胸坦然、精神愉快，减少对"大脑保卫系统"的不必要刺激，还可消除生理和心理上的痛苦和疲惫。

在婚姻生活中，女人更要学会"装糊涂"。仔细想想，男人的爱情誓言差不多都是囊中羞涩、捉襟见肘的，如果女人哪一天心血来潮认真起来，略作考证，便可将那些豪壮又温馨的空头许诺批驳得体无完肤、片甲不留。但很多女人竟不动声色地默认了它，这不是她们被爱撩拨得一塌糊涂，而是超乎寻常的精明。她们悄然无声不作批驳，只从男人一堆的爱情诺言里寻找被爱的温暖和幸福，清醒地体味爱情的甜蜜。

有一段话是这样说的："当一个聪明的男人遇到一个同样聪明的女人，很可能会出现一场战争；当一个糊涂的男人遇到一个聪明的女人，则有可能引发一段绯闻；当一个聪明的男人遇到一个糊涂的女人，也许会共同打造一个天长地久的婚姻。"由此可见，"糊涂"的女人有一种独特的魅力。一个聪明的女人往往不易得到幸福，就是因为她把一切看得太通透，一切在她眼里都不是那么简单。其实，聪明并不只体现在智力上，更多的是体现在心态上。自以为聪明的女人并不聪明。真正聪明的女人知道，该糊涂的时候就要装糊涂，该聪明的时候就表现自己的精明能干。所以，幸福对她们而言触手可得。

女人的一生都是美的，不同的年龄段会演绎出不同的美。小女孩的美似山涧奔跑的小溪，洋溢着清新明快；少女的美似一湾湖水，恬静怡人；成熟女人的美更像碧蓝的大海，博大包容，静谧深邃。女孩在结束爱情进入婚姻成为女人后，便会成为集多种角色于一身的综合体，这时的女人正是接受生活给你鉴定是否真正美丽的关键时刻，而这一时期的女人"糊涂"一些是最美、最幸福的。试想，一个工作出色的男人是会喜欢整日跟踪盯梢、吵吵闹闹的悍妇，还是喜欢一个在适当时候"装糊涂"的睿智女人？答案当然是后者。爱人就像女人手中的风筝，女人松一松手中的线，他会飞得更高、更远。在婚姻生活中，能跳过去、忽略不计的事情，女人就尽量不要和爱人计较，能模棱两可的事情就尽量尊重爱人的意见。这样，女人的婚姻才能幸福美满，天长地久。

何莉是一家报社的记者，事业心比较强，经常要出去采访，回到家里又忙着家务和工作，和丈夫的交流有所减少。

有一天，何莉没出差，难得一家人一起度周末。儿子忽然问："妈妈，怎么你在家里，林阿姨就不来玩了？"

"林阿姨是谁？"何莉问丈夫。

"是我们单位刚分来的大学生。"丈夫不好意思，脸有些红。

何莉没有再追问，只是哄着儿子说："下次我们请林阿姨来玩，好吗？"

何莉想自己对丈夫如此信赖，可丈夫竟……思前想后，心里很难受。真想和丈夫大吵一顿，或者离婚算了。

过了一会儿，何莉情绪冷静多了，意识到自己经常在外，对儿子和丈夫照顾得很不够。何况自己并不能肯定丈夫和林的关系。如果不分青红皂白地和丈夫闹，倒显得自己没理了。

她今天晚饭特地没让保姆做，自己麻利地弄了几个丈夫最爱吃的菜。

晚上，她把孩子哄睡之后，依偎着丈夫靠在床上，轻轻地说："我经常外出采访，让你一个人在家带孩子，实在太难为你了。我不在时你肯定好寂寞，就像我孤零零一个人睡在旅馆里一样。现在我靠在你身上才觉得好踏实，没有你的支持，我的工作一天也做不好。”丈夫一声不吭，怜爱地抚摸着何莉的头。

何莉轻声问：“我们周末一起请她来吃晚饭好吗？”丈夫面有难色。

“你还不放心我吗？我不会让你为难的，更不会为难她。”

周末，何莉又一次亲自下厨。林来了，何莉热情地进行了款待。小林临走时，何莉特地让丈夫看孩子，自己独自一人把小林送下楼，拉着她的手说：“怪我自己太工作狂了，对周（何莉的丈夫）缺乏照顾，谢谢你常来我家，也帮着照顾小周。看你这样温柔可爱，不知道哪个小伙儿会有福气娶到你。好了，不远送你了，有空欢迎常来玩。”一席话让林又是感激又是惭愧。

后来，林在何莉夫妇的帮助下，找了一个阳光帅气、年轻有为的男友，他们与何莉夫妇成了好朋友。平时一有时间，两家人就一起聚餐、游玩，别提有多开心了。

其实，在夫妻相处中，只要不是方向问题、原则问题，糊涂地面对相互间的小矛盾、小摩擦不仅难能可贵，而且还是不可或缺的一门婚姻艺术。这对于密切夫妻情感、提升婚姻质量、打造家庭和谐尤为重要。

同在一个屋檐下，同在一座围城中，朝相见、晚相伴，长年厮守在一起，再和睦再恩爱的夫妻，也难免有摩擦、有矛盾，也会有舌头碰到牙的时候。在这种“家常便饭”面前，太认真了，太计较了，非得咄咄逼人地辩出个你对我错，争出个你高我低来不可，只能使“战事”升级，小事变大。久而久之，难免会“仇恨入心要发芽”，使稳固的婚姻发生裂痕，使亲密无间的情感产生空洞。

现实就是这么复杂又这么简单，夫妻之间，越做全方位的过问，越做精深细致的分析，便越使心理距离拉大，越使争吵不可避免甚至导致离婚。所以，夫妻之间还是“难得糊涂”的好。

当然，如果夫妻之间有一方装糊涂，另一方则认为是一种屈从的耻辱，爱同样有可能被葬送。所以，一些社会学家、心理学家建议：每个人在学习社会交往的同时，一定要先学会同你的配偶交往。这种交往不仅有夫妻思想感情无言的交流，而且应有心心相印基础上的关心和体贴，当然也包括双方在某些方面一定程度的妥协，达成这种妥协，最廉价的办法就是装糊涂。

其实，装糊涂是一种明智，是一种成熟。

2. 女人一定要善解人意

男人喜欢什么样的女人，这大概是女人私下里最热衷讨论的问题了。大多数女人认为，男人喜欢的应该是漂亮、妩媚、贤惠的女人。实际不然，大多数的男人还是对温柔、善解人意的女人情有独钟。

善解人意的女人不会在男人工作繁忙的时候抱怨他没有空陪

伴自己，当然也不会刻意流露男人对自己没有太多温情的牵挂，更不会在男人辛苦工作一天后为一些小事无理取闹。最后的结果就是，丈夫每天开开心心，而身为妻子的你，也赢得了丈夫更多的欢心。

和刘辉相爱三年的女孩向他提出了分手，因为她想出国，所以她爱上了一个老外，这让刘辉很是气愤。从此他一心扑在了事业上，不到两年的工夫，就有了自己的公司。但是在感情上他再也不轻易相信别人，他认为女人是善变的动物，一点儿也不可靠。

刘辉把女人分为四种：第一种是外貌漂亮，但这样的女人大部分是花瓶。第二种是性格泼辣，她们做事雷厉风行，从不拖泥带水，适合做工作上的朋友。第三种是功利心很强，为了钱或者前途可以舍弃一切，他以前的女友就属于这类。第四种是温柔，善解人意，她们聪明却会装傻，装傻是为了照顾男人的面子和自尊，装傻是一种宽容，宽容男人犯的一些小错误，由此男人会对她们充满了感激。他最喜欢最后一种，但是他觉得生活里这类女孩太少了，几乎不存在。

后来经一些好心的朋友介绍，他认识了菲菲。在接触中他惊奇地发现，菲菲就属于他喜欢的那一类女孩。比如，在朋友的聚会上，他喜欢海阔天空地神聊，菲菲总是用赞许的眼神看着他。但聚会过后，他会收到菲菲给他开的“处方”。那些字条有时藏在他的衣袋里，有时夹在书里，上面的字句，婉转地纠正了他的一些说法。刘辉对她的温柔做法和良苦用心自然是很领情的，同时心存感激。最让他感动的是，她竟然用装傻的方式，原谅了他的一次感情错误。

在刘辉和菲菲交往一年多的时候，他向菲菲求婚了，然后他们就开始买房子准备结婚。可就在他们准备结婚的前一个月，那个和他相恋三年的女友回来了，给他打电话说要见他。这让刘辉犹豫起来，他原以为自己沐浴在菲菲爱的阳光下，已经忘记了那个为了出国抛弃自己的女人。可是他无法骗自己，他的心里还有她的位置。他开始动摇，他告诉自己，自己只是和她见面，只要不让菲菲知道，是不会伤害到她的。

于是，他为了和她见面，多次编谎言说要加班，后来竟然鬼使神差地以出差为借口，和她一起去了海南。在那里，他的这位前任女友告诉他，那个曾经要带她出国的男人，去了美国之后就杳无音信了。现在，她又把刘辉当作了救命草，一定要他帮着办理加拿大技术移民，还规划着他们俩的来来。刘辉忽然发现，眼前这个女人是那么的任性和自私，与善解人意的菲菲是没法比的，想到这，心里非常后悔。

他不敢给菲菲打电话，就打到家里，他妈妈说："菲菲这孩子真好，今天我不舒服，她来给我输液呢。儿子啊，菲菲这孩子不错，你也老大不小了，要知道珍惜。"刘辉嘴里答应着，心里更加不是滋味，他的妈妈又说："对了，你这孩子是不是欺负她了？我见她眼睛红肿，便问她怎么回事，她说和一个同事闹别扭。我看不像，她那么好的一个姑娘怎么会和同事闹别扭呢？"刘辉忽然打了一个冷战，这些事公司里的同事都知道了，菲菲怎么会不知道呢？想到这里刘辉忽然害怕起来，他第一次感到自己是如此的害怕失去她。

一夜未眠，第二天一早，他就飞回了北京。在飞机上，他坚决果断地对前任女友提出的种种要求说“不”，这好像是第一次拒绝她。他忍受了她那么多次的无理要求，这次他终于有勇气去拒绝了。

重逢的那一刻，他看到了菲菲红肿着双眼，依然装出很快乐的样子迎接他，这让他感到一阵心疼。他明白她的意思，什么都没说，只是紧紧地把菲菲拥到了怀里，他想：这一辈子，他都不要菲菲再为他担惊受怕，他要好好地爱她，给她幸福。

一个善解人意的女人，能及时感受到丈夫的潜力，帮助丈夫发挥潜力。这样的女人能够及时地发现自己的丈夫处于成功位置之时所需要注意的细节，并能将这些细节在不失体统的情况之下及时提醒给丈夫。那么一个女人为何会对自己的丈夫如此体贴周到，而不是抱怨连连呢？

其实很简单，就是因为这样的女人对人生已经有了一定的感悟，她知道自己身边的这个男人虽然是她今生今世的至亲至爱，但作为一个个体的男人，他那颗心在属于她的同时，更多的还是属于他自己，他知道，在男人的骨子里事业还是胜过爱情。因此，善解人意的女人无论在什么时候都不会把男人当成自己的私有财产，要男人对自己言听计从，不会在男人忙于工作时抱怨男人不顾家，也不会让男人时时刻刻牵挂着自己。善解人意的女人知道好男人就像是在高空中盘旋的鹰，只有当这只鹰很累了，或是想休息时，才会回到女人身边，才会想起享受他的爱情。

作家李敖对善解人意的女人有十分明晰的标准，他说："真正够水准的女人，聪明、柔美、清秀、妩媚、有深度、善解人意、体贴自己心爱的人，她的可爱是毫不嚣张的，她像空谷幽兰，只是不容易被发现而已。当你发现了这种女人，你才知道她多么动人。一通电话，她使你魂牵；一封来信，她使你梦萦。在大千世界里，两情神驰。"

当然，聪明的女子有明智的头脑和温柔的情怀。她们善解人意并不是一味地迎合和纵容对方，而是指在遇到事情时，能尽量用自己的心去体会对方的心，用自己的感觉去体会对方的感觉。人无法要求别人善解人意，但自己做到善解人意，最大的受惠者往往不是对方。善解人意的女人是男人最渴望接近的女人，也是燃烧、唤起男人激情的女人。好男人不会因为女人善解人意的谦让而得寸进尺，反而会心存感激。只有善解人意的女人才是男人休憩的港湾。

不仅如此，女人的柔情可以使男人在社会中增加自信，在家里解除疲劳。因为男人都是既刚强又脆弱的，甚至有的男人会把荣誉和脸皮看得比生命还要重要。善解人意的女人知道在男人的精神世界里有哪些禁区，如何保护男人的尊严不受伤害，绝不会去和男人斗气斗勇，像泼妇一样把男人打得像只斗败的公鸡才善罢甘休。而男人都极具理性，事后他们会对这善解人意的女人心存感激而宠爱她一生。

在生活的河流上，懂得知恩感激的男人和善解人意的女人已经不能仅仅用风雨同舟来形容了。因为在男人眼里，善解人意的女人绝不仅仅是坐船的，也不仅仅是划船的，而是帮助自己共同撑船的。能于千万人中碰到，又能幸福地一起走完一生，那是需要两个人的力量来支撑的。所以说，理解爱人的女人才是有魅力的幸福女人。

善解人意，不应仅从文字上做善于揣摩人的心意去理解。其“善解”的“善”，也不能仅作“善于”解释，它还应包含善心、善良的愿望这层意思。善解人意，首先要与人为善，善待他人，而后才能理解人、谅解人、体察人，体现出人格的魅力。

俗话说，“善心即天堂”。只有怀抱善心的人，才能爱人、欣赏人、宽容人。本来，“人”字的结构就是互相支撑，懂得相互接纳、相互合作、相互融洽。尊重丈夫的优势和才华，也宽容丈夫的脾气和个性。无论是对丈夫还是对家人，都应欣赏对方美好的地方，而不去计较他的缺点，或者说与自己不合拍的地方。不能理解的时候，就试着去谅解；不能谅解的时候就平静地去接受。有人说：“人生最可贵的当口便在那一撒手。”而善解人意者就很具有这种“放人一马”的涵养功夫。

有人说：“用你喜欢丈夫对待你的方式去对待丈夫。”每个男人，都是需要别人理解、同情和尊敬的。推己及人，与丈夫相处应该豁达一些，来个“礼让三分”。若如此，那么沐浴我们的必将是阵阵和煦的春风和一片灿烂的阳光。

善解人意，还表现在善于体察丈夫的心境，给他以及时雨一样的帮助，让温馨、祥和、慰藉来沟通心灵。比如，对窘迫的丈夫讲一句解围的话，对颓丧的丈夫讲一句鼓励的话，对迷途的丈夫讲一句提醒的话，对自卑的丈夫讲一句振作的话，对痛苦的丈夫讲一句安慰的话……这些非物质化的精神兴奋剂，既不花什么金钱，也不用耗多少精力，而对需要帮助的丈夫来说，又何啻于干旱中的甘霖、雪中的炭火？

善解人意的女人知道男人既刚强又脆弱，而且有的男人把荣誉和脸皮看得比生命还重，因此善解人意的女人知道在男人的精神世界里有哪些禁区，她总是很小心地不去碰这些禁区，她总是想着不要使男人的尊严受到伤害。

当男人被某种事情纠缠住，男人自己不愿或不便去解决，想求助自己的女人时，善解人意的女人绝不会拿捏，她会在男人还没开口时就去把那件事办妥，过后就当没发生过一样。

善解人意的女人深知平平淡淡才是真，精心别致的晚餐，生日时的一份礼物，读书写作时送一杯香茗，点点滴滴都是情。

作为女人，如果能把善解人意作为一生的功课来做，这样的女人会一生幸福。

3. 宠他的胃，拴他的心

打开男人的心有两条通道：一是感情通道，二是食道。要想控制男人得先控制他的胃，走进厨房，不仅可以整理自己的心情，还可以把爱融入其中。可口的饭菜是老公永远的惦记，即使外面很精彩。爱情亲情如果在厨房里延续，那么你就会是一个幸福的女人。

无论是从家庭天伦之乐的角度还是营养与饮食的关系考虑，都要重视一顿晚餐。试想一下：华灯初上，夜幕降临。餐桌上摆放着三四个色、香、味俱全的小菜，或者，再来点葡萄酒、啤酒。一家人围坐在一起，津津有味地吃，轻声地说笑，是多么惬意的时光。

其实，要做好一顿晚餐也并不太难，主要是两点：一是观念，二是巧安排。所谓观念，除了上面提到的，还有膳食平衡与健康的关系。万事观念在先。只有心底里有强烈的意识，你才会孜孜不倦、持之以恒。所谓巧安排，就是稍微花点心思，做到既快又好。

晚餐大致可以这样安排：有海鲜类、肉类、素菜类、汤类，三菜一汤或二菜一汤。冰冻的或易于存放的海鲜类有虾仁、北极虾、赤贝、海蜇、带鱼、黄鱼、墨斗鱼等。肉类有牛羊肉、排骨、五花肉等。蔬菜及其他有土豆、萝卜、海带丝、裙带菜、胡萝卜、青椒、花菜、番茄、鸡蛋、青豆、玉米、豆腐、黑木耳、芹菜等。

当然你不必在周末全部准备好，可在周三增加一次。这样，周末既不会太累，还可以保持一周的新鲜。你可以事先将排骨、带鱼、黄鱼下油锅煎好备用（清蒸就不必了），五花肉、排骨烧好，牛肉汤或排骨汤烧好。

根据以上的准备，你可很快搭配出有海鲜、有肉、有蔬菜、有汤的一顿晚餐。比如：红烧或清蒸带鱼、小黄鱼；红烧肉或排骨；拌海带丝或裙带菜、海蜇；番茄蛋汤或番茄炒蛋；虾仁豆腐

（放点胡萝卜丁、青豆）、牛肉土豆汤、排骨萝卜汤、花菜、青椒、黑木耳炒芹菜；豉汁蒸赤贝；墨斗鱼炒芹菜。如果有空经过菜场，你可顺带些新鲜绿叶蔬菜回家。这样的一顿晚餐，一个小时之内完全可以搞定，当然，晚上睡觉前或下班的途中，你还得花点搭配的心思。

女人白天忙碌，下班后匆匆回家烧饭的现实又严峻地等着我们。只要我们怀着对家人的爱，动点脑筋，巧作安排，又快又美味的晚餐就等着我们享用了！

男人遇见一个入得厨房的女人，是他的福气；女人若遇见肯为她下厨房的男人，也是她的福分。

魅力女人懂得在适当的时候让老公下一下厨，让他也体会一下女人的辛苦，不然肯定会助长男人的大男子主义。你想他每天一回家就有热腾腾的可口饭菜，一吃完便嘴角一抹溜之大吉，剩下满桌的狼藉让你收拾。久而久之他便习以为常，以为一切都是天经地义，日后稍有怠慢，他便要耍起大男人的脾气。到了这等地步，哪怕你暗自伤神、叹息、垂泪也枉然。所以隔三岔五的，你还得让他下下馆子，目的不仅在于换一换口味，还要让他知道，外面的菜是多贵，还有怎样的山珍海味也吃不出“家”的味道，千好万好没有老婆烧的菜好。

如此说来，厨房也是幸福女人用心计的地方。一个男人吃惯了你烧的菜，一旦离开了你，肯定有一万个不习惯，即使外头的饭菜再香，他也会贪恋老婆烧的家常小菜。

热爱厨房，说到底是源于对你爱的人和爱你的人的爱。因为爱他，所以你就会想着法子让他快乐，让他的胃口快乐。从这方面说，爱厨房就是“悦人”，能悦人的人自然也会因为别人能悦自己——他们因为你的厨艺而快乐，当然也因为你而快乐，他们的快乐当然也就是你的快乐。一个女人，能因为爱厨房而悦人，自然也就能悦己了。

4. 半糖夫妻，天长地久

“我要对爱坚持半糖主义，永远让你觉得意犹味尽，若有似无的甜才不会觉得腻；我要对爱坚持半糖主义，真心不用天天黏在一起，爱得来不易，要留一点空隙彼此才能呼吸……”不知你是否听过由S.H.E演唱的这首叫《半糖主义》的歌。也许因歌而起，我们可以发现，现在的婚姻生活中开始流行一种新的生活方式——“半糖夫妻”。

“半糖夫妻”，说的是同城分居的婚姻方式：两个人婚后并不生活在一起，而是过着“五加二”的生活——五个工作日各自单过，周末两天才与“自己的另一半”聚首。

“半糖夫妻”同城却刻意两处分居，动机有二：担心腻一起会把激情消耗殆尽，又或是夫妻个性相反不愿在平淡中互相折磨。说得具体点就是，“王子和公主从此开始了他们的幸福生活”后却发现：婚姻中有太多的柴米油盐，日子不再是热恋中的美酒加咖啡，而更多的是淘米洗菜的自来水；王子开始长啤酒肚、掉头发，公主在家懒得洗脸梳头还变得唠叨……于是王子和公主不愿意延续这样的俗气日子，想起了“半糖主义”。

“半糖主义”，说白了就是一种健康向上的生活态度。如果你生活得过于贫苦，一定会有种沮丧且失望的态度；如果你生活得过于甜美，一定不容易发现自己是那么的幸福，当然也不会懂得珍惜现在的生活。因此我们说，生命的最佳状态就是不回避烦恼与苦难，同时学会给自己的生活加半勺糖，在若有若无的生活中体味生命的香甜，领悟甘苦参半的人生。

英国剑桥大学教授布洛曾提出“心理距离说”。他指出审美活动中必须在主体和对象间保持一定的心理距离。如果距离太远，主客体脱离联系，就引不起审美经验。

相反，布洛的“心理距离说”认为，如果距离太近，主客体过于贴近，也引不起审美经验，即距离太近，反而看不见对方的优点，看见的只有对方的缺点。无论是夫妻间还是恋人间，就像放风筝、看油画，让出一点儿距离才能保证得到最好的欣赏水准。但这个距离一定要把握好，就是既不能离得太远，也不能离得太近。

距离太近了容易看到瑕疵，距离太远又有失控的危险。调整距离是个技术活儿，不容易的东西其实才应该是我们的兴趣之所在。在视觉所在的距离，在控制能到的距离，才能有美感，才会刻骨铭心，令人难以忘记。距离才能产生美，适当的秘密有时候会让你们的爱情更加长久。

因为每段爱情都可能来自两人相遇时瞬间迸发的热情，但这只能是为你们的爱情打下良好的基础，而甜得发腻的爱情必会在现代社会中让人生厌。

因此，有人告诫女人们说：女人永远不要让男人知道你有多爱他，这会让他自大。这可真是对爱情生活的真知灼见啊！

看看现实生活中的男女，当两个人相爱的时候，如胶似漆，“一日不见，如隔三秋”，爱情是他们生活的全部。可是腻久了必然会分，因为他们爱得投入，爱得热烈，爱得失去了自我。等到有一天，两人都累了、倦了、厌了，爱情也就画上了句号。因此，处于爱情中的人们，不妨切实开始你的“半糖主义”生活，这样才有更大的可能使你们的将来修成正果。

妍是一个颇具惊艳之美的女孩，刚进入大学校园不久，便受到很多男生的追求。最后，妍在众多的追求者中，选择了一位心仪的男孩作为男朋友。但外表的美丽并没有使妍得到想象中的爱情，而她又是一个痴情的女孩。

与男友刚开始交往时，他们简直如胶似漆。每天晚自习后的短暂时间当然不能慰藉两人间的相思之苦，于是他们开始了同居生活。此外，妍每月的生活费全权由男友来掌管。这样使得妍不得不向男友每天要伙食费，不仅如此，就连妍买一些生活必需品与一些零食都需要向男友申请。

原本以为生活在一起可以增进彼此之间的感情，但越来越多的矛盾却在他们之间上演，争吵也越来越多，甚至多次提到了分手。但每次妍吵完架后搬回宿舍住时，他们之间的关系却又出奇地好了起来。这一切妍和男友都看在眼里，最终他们得出结论：只有“半糖主义”的爱情才能长久，而腻久了的爱情必然会分。因此，妍与男友便开始过起了“半糖主义”生活，然后是“半糖夫妻”。现在的他们仍坚持爱情“半糖”，因为他们觉得爱情半糖，天长地久。

当然了，对“半糖主义”也有反对的声音，他们觉得“半糖主义”是现代人感情脆弱、自私的表现，是在逃避爱情的责任，注定无法享受爱情的甜蜜。

有人不赞同这种说法，因为自古就有“小别胜新婚”的俗谚，也有“两情若在长久时，又岂在朝朝暮暮”的爱情咏叹。何况，“半糖主义”的爱情实质仍然是“白头偕老”爱情观的延续，是现代人对“永恒”爱情的一种渴求。以空间换时间，以留白换甘甜。既然耳鬓厮磨的爱情令人始乱终弃，那么，爱情“半糖”就是让爱情既保鲜又长久的折中办法。“半糖主义”的生活才是最适合发展的长久之计。

5. 信任是婚姻里一根牵心的线

信任是婚姻最基础的元素。成熟的女性应以豁达的气度去理解、支持丈夫的事业，相信自己的丈夫。你既要对丈夫保有警惕，但又不能“拎着醋瓶子到处走”。不要随便怀疑和无端指责，更不能偷偷摸摸去打听、调查、寻找所谓的证据。

每个人都有属于自己的感情世界，这是谁都无法抹去的事实。但那只是人生中的过眼云烟，你不能追溯到过去去阻止他。因此，无论你面对的是自己的过去还是对方的过去，都应该以一种理性和信任的方式去解决它，而不是把它变成自己生活的负累。过于看重不愉快的往事会给自己带来伤害，也会给对方带来不必要的痛苦，最终将会导致两个人的感情出现裂痕。因此，不要活在彼此过去的影子中，要走出痛苦的阴霾，面对现在的美好生活。

有个叫玲玲的女人，她的故事或许能给我们更多的启示。

丈夫有女友已好些年了，我知道这事也好些年了。那时，丈夫与其女友是电大同窗，在一个城市，而我在另一个城市。后来丈夫来到了我的城市，他的女友则去了另一个城市。城市不城市的倒没什么，辗转来辗转去，丈夫还是丈夫，女友还是女友。

有一次，我与丈夫散步到了他上班的办公楼前，我突然对他的办公桌抽屉有了兴趣——焉知那里藏了一个男人的什么秘密？我想到说道："你的女朋友最近来信了吗？"丈夫一警惕："前一阵子来了一封，忘了带回家。""能看看吗？""怎么不能？"丈夫做出迫不及待的表情。我笑了："她向我问好了吗？""问了。""既如此，不看也罢。"我把手一挥，很洒脱很大方地转身而去。奇怪的是，后来我把这事作为笑话讲给周围的女士们听时，竟没有一个人相信它的真实性。

丈夫与他的女友不仅通信，还相互留有电话号码，那么他们肯定还要通电话。除此之外，逢年过节，两个人之间还时有精美的或不那么精美的贺卡传递。关于这一切，丈夫似乎并无瞒我之意，所以，我也从不把它放在心上。说真的，我要操心的事很多，哪有时间和精力瞎琢磨他们的事。

自从丈夫与我做了同一个城市的市民后，偶尔，我就从丈夫的口里听到了他的女友的一些消息：去了一趟香港啦，在深圳拍了照片寄来啦，女儿唱歌比赛获奖啦……当然这些都不重要，重要的是，这位女友是个离异了的单身女人。这个背景提示给我这样两个信息：第一，丈夫与她交往，没有什么麻烦，至少不会有男人打上门来与他决斗——那样影响多不好呀；第二，丈夫若对她有意，至少在她那方面是没有客观障碍的。知道了这一点，我虽稍有不悦，但转而一想，难道我和丈夫之间的关系，还要取决于别的女人的婚姻状况吗？那岂不是太可笑了？于是由它去。

后来，大概是觉得光通过传媒交流感情还有不足吧，丈夫和他的女友还借出差的机会，在这个城市或那个城市见过面。丈夫去见他的女友我自然不在场。奇怪的是，他的女友到我们城市来过两次，我也总是在他们见过面吃过饭谈过话以后才得知。我说你怎么不请她来家里玩呀，丈夫说她忙着走呢，汽车都等在招待所大门外了。我说真遗憾，那就下次吧，丈夫说那就下次吧——其实我压根儿也不遗憾。

关于丈夫和他的女友的故事看来还要继续下去。有很长一段时间没听丈夫说起过他的女友了。不过一般来说我不过问，他也不会主动提起他的女友的。当然这话也不全对，比如，好几次他和女友见面的事都是他自己回来说的，不然我哪儿会知道呢？

不过也不是每次都这样。有一次丈夫到北京出差，本可以晚一两天走的，他却执意要提前动身。我说要不要我送你，他说免了。当时我就猜他已与女友联系好了，所以不能更改。丈夫走了以后，我到婆婆家度周末，一大家子坐着吃饭，说起他来，我说他去会女朋友去了，大家笑得喷饭，以为我很幽默。我说是真的，他的女朋友叫赵×，在哪里工作，离婚好几年啦。丈夫的兄弟媳妇说，那你可要当心哇。我说真要有什么，就随他去好啦。后来丈夫从北京回来，晚上躺在床上，我问他，是不是与女友会过面？他说你怎么知道的？我说这还猜不到呀。这样，我才知道，女友果真到车站接了他，两人还在什么咖啡厅里度过了好几个小时——至于谈了些什么，我没问，也不想问。

据我的观察，这么多年来，丈夫与他的女友，也就是个女友而已。即或两人之间真有点儿什么微妙的东西，也是可以理解可以容忍的。因为，人人都会有只属于自己的东西。丈夫虽然做了我的丈夫，他依然有权利为自己的心灵保留点什么，我不情愿、不承认也无济于事。有的男人或女人就是在这点上想不通，给自己的生活增添了许多烦恼——我可不愿那么傻。

玲玲是个成熟的女性，她善于去理解、信任丈夫。也正因为这点，他们夫妻间的感情反而更加牢固。丈夫的女友仅仅是女友而已，她永远不能取代玲玲作为妻子在他心目中的位置。设想一下，如果玲玲阻止丈夫和女友之间的交往，甚至对丈夫疑神疑鬼，监视丈夫的行踪，就完全有可能造成把丈夫推向他的女友的结果。

夫妻间的理解和信任，是增进感情的最有效的渠道，因为这是知己者的欣赏。

6. 爱需要包容

俗话说："金无足赤，人无完人。"没有不犯错误的人，夫妻生活在一起，如果你的左口袋里装的是包容，右口袋里装的是原谅，那么今天会在你的左口袋里收获幸福，明天会在你的右口袋里收获快乐，时间久了，身边充满着幸福与快乐；如果在你的左口袋里装的是埋怨，右口袋里装的是嫉恨，那么今天会在你的左口袋里出来痛苦，明天在你的右口袋里出来烦恼，时间久了，身边都是痛苦和烦恼了。妻子能包容丈夫的缺点，丈夫能原谅妻子的问题，这就是一种爱。

每天傍晚，当看到林荫小道上那对手牵着手漫步的身影时，人们都会投去羡慕的眼神，却不承想到几年前他们的婚姻却濒临死亡。

健和洁是经朋友介绍认识的，虽然说不上一见钟情，但彼此都很满意，相处了半年后，两人便步入了婚姻的殿堂。起初两人的感情很好，每天被甜蜜包围着。可是后来当健和朋友创业后，他越来越忙，为了健能安心发展自己的事业，洁辞去工作做起了全职太太。那段时间，洁主内，健主外，夫唱妇随，尽管有些忙碌，但是心里却还是甜的。可是不知从什么时候起，洁感到丈夫变了，他经常很晚才回家，有时甚至是夜不归宿。女人的第六感提示洁的爱人出轨了，虽然洁找了好多借口告诉自己那是外面的传言，可是当那个女人找上门时，洁不得不承认，与自己相濡以沫的爱人经不起商场上的诱惑，有了另一个女人，而那个女人还未婚，两人相识于一次业务谈判，她看上了他的豪爽、义气以及对妻子的那份执着，于是对健发起了爱情攻势。正所谓“没有拆不散的夫妻，只有不努力的小三”，在她的不断努力之下，健终于弃械投降了，跟她开始了地下恋情。

可是当她不甘做地下情人，把十万元钱放在洁的面前，告诉洁，她希望自己能嫁给健时，洁愤怒到了极点。洁把那些钱和她一同赶了出去。

得知真相的洁有些难以接受丈夫的背叛，她开始卧床不起，一个星期时间就那样傻傻地躺在床上，睁着眼睛却什么也不说，要不是医生给她输入的葡萄糖，恐怕早就没命了。终于在亲戚朋友的不断劝说下，一个星期后她才开始进食，打消了死的念头。但是她坚持跟健离婚，并且很快写好了离婚协议书。

自然，健是坚决不签字，因为他知道自己爱的人是洁，那个女人只是一个意外，社会诱惑下的一个意外，而真正陪伴自己一生的女人是洁。可是洁离婚的意念很坚决，于是，她想到了通过法律来维护自己的权益。

可谁知在这当口，健的事业出现了危机，亏损巨大，债主整天上门要债，健举步维艰。就在此时，洁离婚的意念动摇了，那是她用全心全意去爱的男人，尽管他背叛了他们的爱情，可是在他最困难的时候，自己绝不能弃他于不顾。于是，洁撕毁了那份离婚协议，选择以一个博大的胸怀原谅丈夫的过错。当洁走上去握住健的手时，健流下了悔恨与感动的泪水。随后她和他并肩作战，开始新的奋斗，而他们的爱情也经过这一次的考验而变得更加坚定与温馨。

婚姻需要包容，包容是快乐之本，包容是“执子之手，与子偕老”的基石，包容是天底下最伟大的爱！

可是也有许多人借“因为爱，所以在乎”来衡量爱情的分量。心里容不得一粒沙子的侵袭，一点误会便红了眼，伤了心，瘦了身，却不会去想，这究竟是为何？

杰与娜虽然分隔两地，但一直是一对互敬互爱的模范夫妻。杰由于工作原因与家人相聚的时间很短，而娜为了照顾双方父母和孩子也没有时间去探望杰。可是这对夫妻却因为一件事而闹了很大的矛盾，甚至闹到法院去解决。在法庭上，娜哭诉："结婚这么多年年，他一直工作在外，我独自一人在家，既要侍奉老人，又要教育孩子，样样为他做得周到、圆满，让他没有后顾之忧。他归家探亲期间，我特意向单位请了假，在家陪他，给他做他最喜欢吃的菜，家务活儿一样也不让他沾，只是一心让他得到最多的休息和快乐。他归队时，我把家里的全部积蓄给他带上，生怕他出门在外受罪。可他却因为我说错了一句话而扇了我一个耳光……他没有人性，我要和他离婚！"

听完了娜的哭诉，杰申辩道："我在外工作，常常想家，尤其想她。她对我的好，我都收藏在心底。每当寂寞的时候，都是那些回忆陪着我走过的。在我的心目中最完的女人就是她。可是在我回家期间，一个多年未见的好友专程从邻城坐车来看我时，只是在我家里喝酒的时间长了点儿，她就当着我的面摔盆砸碗，满脸不高兴。我小声提醒她，她反而更大声地批评我的朋友没文化，闹到最后，大家不欢而散。没想到我心中的完美女神竟这般庸俗，没教养，不宽容别人，和她这样过下去，还有什么意思？"

听完了杰与娜各自的话，发现问题的关键在于夫妻之间不能彼此包容。一方面，丈夫的错误就在于没有包容妻子的感受。仅有的几天相聚，对深爱他的妻子来说是十分珍贵的。在妻子看来，她已经尽到妻子的责任了，热情款待了他的朋友，只是他这个朋友实在不知趣，没完没了地喝酒畅谈，把本应属于妻子的时间夺走，她自然不会高兴。另一方面，妻子的错误在于没有包容丈夫的感受。男人对女人最大的要求就是接受，接受他这个人就必须接受他的一切，无论好的坏的。在丈夫看来，朋友来看他是对他的重视，是他们男人间友谊的体现，无论朋友做了什么，都是应当接受的。所以，当妻子发泄不满当众反对他时，便惹恼了他，使他觉得自己在朋友面前失了面子。结果，因为双方的不包容，一个美满的家庭被解体，一对恩爱的夫妻变成了陌生人。

朋友，与相爱的人在一起本已不易，与其为了生活中的诸多小事而落得劳燕分飞的下场，还不如多一点儿包容赢得美满婚姻。但值得注意的是，包容是婚姻中的融合剂，但包容使用过量就成了纵容，它像慢性毒药一样，逐渐把甜蜜的婚姻变成痛苦的牢笼。如果说包容像婚姻生活中的糖，那么批评与改正像婚姻生活中的盐，糖和盐只有适量，婚姻生活才会有滋有味。

第四章

做贤内助，是夫妻也是战友

水可载舟，亦可覆舟，关键在于如何加以利用；爱情可以创造幸福，也可能带来不幸，关键在于如何驾驭。作为支撑半边天的女性，在爱情中有时起着决定性的作用。懂爱的女人通常更能打开通往幸福的大门，幸福的家庭是避风的港湾，好女人则是港湾的管理者和最大受益人。

1. 女人要做好贤内助

人们常说，好女人是一所学校，想把一个潜意识中有野性的男人教育成自己的好丈夫、乖孩子，多半还得靠心计和智慧。而女人的最大智慧是贤惠，但不是所有的女人都懂得这个道理。一些很现实的女人认为："时代发展了，女人传统的美德也会跟着发展，内涵已经发生了变化，一味地温柔体贴已经远远跟不上时代的需求，在信息万变、观念层出不穷的新时代，不变的贤惠会给人'忠厚得可怜、善良得愚昧'的感觉。"其实此言大错特错。一个贤惠的女人，能给予丈夫一片安宁的心境，会让丈夫事业有成。

载人航天是无比辉煌的事业，但是，它也是一项高风险性的科学探索活动。面对风险，航天员的妻子表现出了特有的见识和胸怀。在航天员妻子们的眼里，她们的丈夫个个是人杰，为这样的丈夫奉献一生，也使她们自己的人生变得鲜亮和庄重起来。

曾看到过这样一篇报道：

杨利伟的妻子张玉梅说："这么多年，家里的大事小事我都包了。他当了航天员，我更不能让他分心了。但是，自从我前年得病以后，现在是他关心我多了，干家务活儿也主动多了。每逢天气变化，他都会打电话回来，提醒我加衣服。"张玉梅2001

年体检时检查出患有肾炎，当时杨利伟正准备到东北去进行高空飞行训练。张玉梅说："这对我自己、对杨利伟都是一个晴天霹雳。"

按理说，航天员妻子的健康也是得到重点关照的，但张玉梅的肾炎没有得到及早诊断和治疗，也和她"我不能让他分心"的生活信念直接有关。为了使杨利伟早日实现太空飞行的理想，她承担起了一名航天员妻子所能承担的一切。她自己工作上不甘落后，回到家里又要挑起教子、理家的全部担子。平时身体遇有不适，她总认为仅仅是劳累而已，今天想着也许明天就能把体力恢复过来，明天又想着也许再过两天就能把体力恢复过来。能忍则忍，一拖再拖，顾不上请病假、跑医院。日积月累，她瘦弱的身体在体力上、心理上都严重透支了。

后来杨利伟把妻子送进三0一医院，第三天就到东北参加高空飞行去了。"他临走前急急忙忙把他父母接过来照顾我，他觉得对我挺内疚的。临走前站在我病床前看着我的眼神，把我看得心里挺难受……"张玉梅哽咽了。从那以后，张玉梅每月要到三0一医院去接受10天治疗。她表现得一如既往，无怨无悔。她说："我每次都是自己到医院去治疗，不让杨利伟分心。医院里病菌肯定多，我不让杨利伟多到医院去，我要保护他的健康。"张玉梅的这席话让人更加明白什么叫付出，什么叫奉献精神！

张玉梅最后说："杨利伟每次高强度训练下来，都减少两三千克体重。他吃了那么多苦，都是为了争取第一个上天。他的老师长邵文福也捎信来鼓励他，希望他能第一个上天。我真希望杨利伟能够第一个上天，第一个上天是最幸福的。"

如今，杨利伟“第一个上天”的理想终于实现了，张玉梅觉得自己是最幸福的女人。

每一个男人都需要一个贤内助，这个贤内助不仅帮助他照顾好家庭，为他解除后顾之忧，而且一心呵护、鼓励并支持他。

好的贤内助对于男人就像燃料对于引擎那么重要。好的贤内助使男人的引擎继续发动。她使男人心理和精神的电池充电，将默默无闻转为成功。

长久的默默无闻有时候会挫减男人们的锐气，严重的打击甚至还会使男人们挺不起腰来！但是，如果有他们的爱人在背后对他们的默默支持，那么，事情就会不一样了。《圣经》上说：“信心是大家都希望得到的东西，是我们所看不到的东西的佐证。”

这就是贤内助的妻子们，对他们丈夫的一种信任。然而，作为一位好的贤内助，不仅要永远站在丈夫身边支持他，还要帮助他处理好家庭问题，解除他的后顾之忧。为什么这么说呢？因为家庭问题是创业者放在重要地位的大事。家和万事兴，如果没有和睦美满的家庭，创业者就无法集中精力做事业；如果没有兴旺发达的家庭，创业者的事业再发达也没有多大的意义。

有人将家庭比作避风的港湾，有人将家庭比作温暖的火炉，也有人将家庭比作温馨的摇篮。这些都说明了一个道理：人人都关注家庭，人人都渴望拥有一个和谐幸福的家庭。家，恰如其表，它就像一把保护伞，替我们挡风遮雨，祛暑避寒！

俗话说：“妻贤夫兴旺，母慈儿孝敬。”“众人拾柴火焰高，十指抱拳力千斤。”所以，家庭和睦对一个人的顺利成长具有不可或缺的作用。古也罢，今也罢，大凡一个人生活的苦乐、心情的好坏，乃至事业的成败，都与家庭是否和睦紧密相关。家庭，对于每个人来说，都是得之不易的。

家和才能万事兴，“和”是手段，“兴”是目标。我们的生活就是为了安康、幸福和美满。中国有这样两句老话，一句是安居乐业，另一句是家和万事兴。可见，自古人们便知道家庭的安定对事业的兴旺是非常的重要。所以，作为妻子不要忘了和另一半组成家庭的目的：为自己深爱的丈夫创造出一个舒适的、温馨的港湾和充电站。聪明的你应该想想，当你的丈夫工作了一天回来之后，他回到家里希望拥有怎样一种气氛？哪一种气氛才能使他在每天早上起来之后精神饱满地去工作？这个问题的答案，和你丈夫的成功有着密切的联系。为了能够让丈夫有更高的效率工作，你应该保持家庭的和睦，做一名贤内助。

但是，想要成为一个合格的“贤内助”，也并不是一件轻而易举的事情，必须明确以下几点：

成为丈夫最理想的合作者。不管怎么说，做妻子的一方如果一味做出牺牲，就等于潜藏了与丈夫思想上拉大距离的危险，甚至会导致双方的感情破裂。因此，在对待有事业心的丈夫时，你不可单单强调家务、生活等方面的辅助，更多的应是把丈夫的事业视作自己的事业，并参与其中，共同追求，让自己成为丈夫最理想的合作者。这样的妻子在丈夫事业向前迈进的时候，是永远也不会被遗落在背后的。

给予丈夫贴心的关怀和帮助。男人有时候是很脆弱的，尤其是当他陷入矛盾、遇到困惑、遭遇挫折时，更需要有一个温暖的家，一个体贴的妻子！因此，女人要细心观察、研究丈夫的情绪变化，在他们最需要的时候给予最恰当的帮助和最贴心的关怀，才有利于塑造美满的家庭，你的丈夫才会取得更大的成功。

不要一味地给丈夫施加压力。有些女人往往有很强的虚荣心，所谓“夫荣妻贵”。此外，她们往往还有很强的依附心理，所谓“只有藤缠树，哪有树缠藤”。为了满足她们的虚荣心和依赖性，她们不惜给丈夫施加各种压力。当然，鼓励丈夫发奋图强并没有错，但是，如果不根据实际情况，制造压力，可能会适得其反。

要有足够的信心。当你把家里的一切都打理得井井有条，丈夫却从来没有表达过感谢时；当你穿上一件新买的衣服，丈夫却没有给予期望的赞赏时，女人往往会产生这样的疑虑：为什么自己总是被忽略？丈夫是不是有了外遇？事实上，夫妻间的感情必须建立在相互信任、相互尊重、相互了解的基础上，而猜疑恰恰违背了这些原则，它是夫妻真挚情感的杀手。婚姻中倘若有了猜疑，悲剧便会产生，生活中这样的事例已发生了许许多多。所以，你不要总是猜疑自己的丈夫，更不必杞人忧天害怕自己会被遗弃，而要对婚姻有持久的足够的信心。

2. 营造一个洁净的“港湾”

作为女人，工作上要干练独立，生活中要温柔贤淑——也就是说，要做个“出得厅堂，入得厨房”的女人。很多女性主义者很反对这种说法，觉得这种要求太严格，是对女性权益的污蔑，觉得女性凭什么就要既辛苦赚钱又给男人做饭？

其实，这个概念是要纠正一下的。我们不妨这样想：饭是做给谁吃的？女人们说：我们辛苦做饭，还不是给男人和孩子吃的？

当然不对。女人做饭，为什么就不能是给自己吃的呢？难道你做完饭只是看着别人吃而自己不吃？

如果端正了这个态度，做饭就不是痛苦的事，而是美好的享受了——吃自己喜欢吃的东西，这是一种幸福。

所以，我们完全可以做到这个样子：受过高等教育，有自己的事业和独立的空间，但决不放弃家庭幸福。做女人做到极品就是既事业成功又家庭幸福。

事业和家庭是我们生活中的两个主项。我们努力工作，并希望因此而有一份优厚的收入，但这并不代表我们是肯为事业而放弃一切的女权主义者。对生活对感情，我们同样认真对待，并希望感情可以更加温馨、深厚，生活可以更加美好，但我们绝不会因此放弃职业上的努力。对先生，我们的政策是“怀柔与大棒并行”。也就是说，温柔第一，但也不能惯坏了他，必要时得给他点冷板凳坐坐，免得长了他的“骄气”。

所以，工作的时候我们做英姿飒爽的职场女子，休闲时间我们也是出得厅堂、下得厨房的标准太太。这其实就是一种酸甜平衡，无论职场中多么腥风血雨，回到家，我们同样有甜蜜的空间。

要做这样的女子，事实上并没有想象中那么困难，市场上通用的烹饪书就有这样的指南效果。在不长的时间里，安排时间做好两菜一汤，挺实用，也挺浪漫。

当然在此之前要纠正一个概念——不要因为自己初次下厨做出来的饭不好吃就再也不做，谁都不是天生就会做饭的，只有不停地学习才能掌握最佳的火候。熟能生巧，做饭和很多事情一样，也是这个道理。

家务是做给自己的，这个概念首先要确立。住在整洁的房子里，吃自己想吃的东西，这些都很关键，能令我们体会到家的美好。所以，虽然我们并不需要变成洗衣妇、厨娘，可是必要的技术也应该具备，因为这首先提高的是我们自己的生活质量。

把家庭收拾得干净整洁，富有温馨、浪漫的气氛，这是妻子的首要任务。但是，不必什么家务都揽上身，可以调动家里的其他成员一起来做。打扫卫生是一件辛苦的工作，可以等到休息日，全家一起动手干。这虽然是一件辛苦的事，但却可以用一种轻松的心情来做，而且还要把这种轻松的心情传染给每个家庭成员。这样，即使是工作，也变成了既增进家人感情又有意义的活动。这也是展现一个妻子的魅力的时候。

一个漂亮明亮的家，永远是家人最喜欢待的地方。相反，一个邋遢的家不但让人不愿待，时间长了，还会影响到夫妻之间的感情。我们先来看一个故事。

李明和妻子小丽结婚十多年了，他们的儿子已上小学，妻子小丽把儿子培养得不错。原本对于她，李明是无可挑剔的。

小丽通情达理，尤其对待金钱，她看得很淡。她认为钱财是身外之物，多了多花，少了少花。再者，在对李明家人的态度上，小丽更是无可挑剔，不但常常关心问候，还常以实际行动去帮助李明的家人。小丽的这些举动让所有人都说不出个“不”字。对于这些，李明更是心存感激。

在外人眼里，他们是幸福的三口之家。李明自己也一直庆幸娶了个好老婆。但时间久了，李明感觉和小丽之间有了距离感。他们没有什么实质上的冲突或者观点上的不同，其实这种感觉全是日常生活习惯所造成的。

李明喜欢家里干净些，物品放得整齐些，个人卫生好些。他不仅希望如此，并且平日里他也是这样做的。但是妻子小丽对这些却不是很在意。

刚结婚时，李明家庭经济条件差些，也没给小丽买什么像样的东西，家电都是妻子从娘家带来的，就连结婚的酒席钱也是借的。因为这些，李明感觉欠小丽很多，因此在生活中都会尽量去照顾她，尽量多做些家务以弥补对她的愧疚。结果习惯成自然，十多年过去了，小丽养成了眼里没有家务的习惯。由于工作的原因，她每天回到家都是晚上六点之后，因此做晚饭都是李明的活儿。刚开始他还能适应，可是随着工作压力的增大、年龄的增长和家庭负担的加重，李明开始有些力不从心。

他也曾试着和小丽说起过，小丽总是能半开玩笑地接受，不过都是只能坚持几天。规劝的保质期一过，小丽仍是不懂得整理家务。李明常在心里对小丽说："我只是想要一个整洁有序、干净清洁的家。"怕伤及小丽的心，所以李明一直都没有说出口，但是两人之间的隔阂却早已根深蒂固，发展到最后，李明连离婚的心思都逐渐滋生出来，还差点失足有了外遇。

也许你不会相信，生活中这一点点小事儿会影响到婚姻的牢固，但是你不得不承认，混乱的家是一个男人的悲哀。平常生活习惯上的一些坏习惯、小毛病，发展到一定程度的确有杀伤力。所以，作为一个女人，万不可忽略生活中的细节，要关注你的伴侣的想法，发现了问题要及时解决。只有这样，婚姻的围墙才能越来越坚固。

在家庭生活中，女人不要和男人太过于计较家务，琐事大多细碎而需要耐心。女人天生心灵手巧，女人天生勤劳吃苦，女人天生爱清爽整洁，都决定了女人不得不担负更多的家务劳动。男人在前方拼杀，深切渴望后方是宁静的港湾，有着清新的空气，有着美味可口的饭菜，有伊人的似水柔情，有安静和睦的氛围。这种种如同阳光雨露般不可缺少。这样男人疲倦而归时，身心才能得以充分的慰藉，才能尽情放松，抛弃一切烦恼和压力，完全恢复体力补充能量，激发起明天拼搏的勇气。

家庭有一股凝聚的力量，能将这种巨大的力量注入我们的血肉之中。家庭的氛围将影响到我们对世界、对社会与对人生的看法，甚至会影响到我们的一生。生活是一种无休止的挑战，同时也会不断给予我们去面对这些挑战的信心和才干。此外，家还教会我们下定决心去实现一个人之所以能成为人的价值，而不必去东施效颦，盲目地跟在他人后面亦步亦趋、人云亦云，也不必为了什么名利地位而改变自己。

几乎每个女人在整理房子的时候都有自己的一套“理论”，且不论付诸实践时的效果如何，个性是主要的。我们来看一位女性朋友整理家事的独到“理论”：

做家务是长久的事情，要从装修房子那一天开始考虑。不要只贪图漂亮，而在家里搞一大堆乱七八糟的装饰品。或许刚开始布置的时候很开心，但是到做起家务来，擦那些瓶瓶罐罐的时候就该费大力气了。因此，房间里最好是简洁大气，宁可花大价钱在高档的地板和沙发上，也不要那些无谓的装饰品。

选择东西的时候，以方便为主。家里的衣服、家居用品等要耐脏、好洗、方便使用。过日子是过给自己舒服的，不是让外人来观赏的，一切以自己舒服为准。

做家务想做得快，工具就要齐全，去污水、漂白水、玻璃水、消毒水之类的东西家里要必备，因为这些东西会省去很多时间。

养成随手放好东西的习惯。这点需要家人配合。家人如若不配合，把他乱放的东西丢到一个漂亮的专门装东西的大盒子或者大柜子里，下次他要什么东西，自己去翻就行了。这样既不影响家的美观，也不用花时间去整理。

衣服常穿的一般都只有几件，把常穿的衣服挂起来，就不用再叠衣服。内裤和袜子分别放在不同的衣柜抽屉里，找起来方便，也不会乱。

换掉的衣服可以先放在一个专放脏衣服的大筐里，带盖的，就是那种在超市里买的放东西的筐。卧室里有任何脏衣服袜子之类的都丢在里面，积了一筐再倒到全自动洗衣机里去洗。不要没事就开洗衣机，浪费钱事小，浪费水资源事大。

用吃完的精美小巧的糖果盒（有盖的那一种）做烟灰缸，抽完烟就把盖子盖起来，放在桌几一角。这样烟灰不会四处飞，也不会马上要倒烟灰，而且也不会有烟味，简直是比任何烟灰缸都好（当然，最好是家人不要吸烟）。

整理一个书房，可以把客房做书房，有什么书往书柜里放。这样，用起来方便，看起来也干净整洁。

把不必要的东西全丢掉，不要把家当作垃圾箱，放太多无谓的用不上的东西，一切以方便为主、舒服为主。

忙碌了一天后，走在华灯初上的街上，看着街边透出的万家灯火，若有一盏灯是为你而留，心里肯定会感觉暖暖的。但试想，家里若杂乱不堪，让人根本不愿踏足，那么还何谈放松？恐怕只能让人远远地躲开，哪怕在外随便漫步也不愿回去。

飞鸟傍晚归林，恋的是温暖的巢穴；航船驶回港湾，渴望的是风平浪静；那些在工作事业的激流中拼搏的男人们，更需要家的温馨、生活的宁静和闲适。

3. 有了孩子，别忽略了老公

贾平凹曾说过这样一句话：和女人在一起，最好不要提她的孩子。因为女人们爱孩子，她会全不顾你的厌烦和疲劳，没句号地要说下去。而且，人的心是一辈一辈往下疼的，如摆砖溜儿，一块砖撞倒一块砖，不停地撞下去。

这句话在现实中得到了充分的验证，但同时也说明了，有了孩子而忽略老公是婚姻的一大误区。女人一旦迈入这个误区，家庭就会由曾经的卿卿我我、你侬我侬，变得彼此漠不关心，等到这种状况发展到一定态势，那么婚姻也会因此而受到伤害，甚至是破碎。

静婉和李亮经过五年的恋爱长跑终于修成正果，踏进了婚姻的殿堂。婚后三年才要孩子，记得没孩子的时候他们的二人世界很浪漫也很潇洒，每周放假都会背起背包出去游玩两天，无数的高山都被他们所征服。隔三岔五地还会去看场电影，像小情侣一样吃着爆米花，喝着可乐，享受爱情的美好。当然了，每天晚上坐在一起喝咖啡，说着甜蜜的情话是生活的必需。可是随着孩子的到来，这种生活完全被打破了。由于静婉是一位新妈妈，根本不知道该如何照顾好一个孩子，因此一切都需认真学习。

为了更好地照顾孩子，孩子每次吃了多少毫升的奶、什么时间大小便，她都要一一记录，生怕孩子饿了、冷了、热了，或者不舒服。可以说，自从有了孩子，静婉的生活作息同孩子保持着一致。而等到孩子睡着的时候，静婉也已累得不行了。因此，每当老公想和她亲热一下的时候，静婉都婉拒了。

终于，李亮开始抱怨静婉总是冷落他，一点儿都不在意他。说孩子成了他们婚姻的第三者，孩子夺走了静婉对他的爱。而且李亮也总是冲着孩子发牢骚说："你看，都是你，要是没你，我和你妈还过着幸福的二人世界，可自从有了你，你妈都不管我了，我哪是多个儿子啊，简直就是少了一个老婆。"

像静婉这种有了孩子，对丈夫的关注减少的问题许多家庭中都曾出现过。而且很多女人一旦有了孩子，不仅爱老公爱得少了，就连自己的位置也变得无足轻重起来。她对周围的世界不再有兴趣，什么兴趣和爱好都丢掉了。而当女人把过多的心思放在孩子身上时，与丈夫之间的沟通自然会减少，丈夫心里也会有或多或少的落差。女人一旦步入这个误区而不自知，甚至不知退出，那么她就会慢慢地失去自我，失去丈夫，最后失去苦心经营的家庭。覆巢之下无完卵，一旦婚姻破裂，孩子的幸福又该如何给予？所以，有了孩子以后，夫妻之间应该进行适当的调整。尤其是妻子在关注孩子的同时，也应把一些精力留给身边的丈夫，给予他适时的关心和关爱，让他得到心理方面的平衡。你必须明白，夫妻关系比亲子关系更为重要。因为孩子总有一天会离开父母，而丈夫却是一直陪你到老的那一个人。也就是说，建立和维护好自己与丈夫的和谐关系，才是女人最为明智的做法。

而作为丈夫，你也应该对妻子多一点理解，努力创造一些可以和妻子共处的时间，而不是等着妻子来关注你，因为婚姻是两个人共同努力经营的结果。

4. 尊重是家庭幸福的基石

曾看过这么一个小故事：

有一对清贫的老夫妇，有一天他们想把家中唯一值点钱的一匹马拉到市场上去换点更有用的东西。老头子牵着马去赶集了。他先与人换得一头母牛，又用母牛去换了一只羊，再用羊换来一只肥鹅，又把肥鹅换了母鸡，最后用母鸡换了别人一大袋烂苹果。在每次交换中，他都想给老伴一个惊喜。当他扛着大袋子来到一家小酒店歇息时，遇到两个人，闲聊中他谈了自己赶集的经过，两个人听得哈哈大笑，说他回去准得挨老婆一顿揍。老头子坚称绝对不会，那两个人就用两袋金币打赌，于是三人一起回到老头子家中。

老婆见老头子回来了，非常高兴，听老头子讲赶集的经过。每听到老头子讲到用一种东西换了另一种东西，她就十分激动地予以肯定：“哦，我们有牛奶了！”“羊奶也同样好喝。”“哦，鹅毛多漂亮！”“哦，我们有鸡蛋吃了！”诸如此类。最后听到老头子背回一袋已开始腐烂的苹果时，她同样不愠不恼，大声说："我们今晚就可以吃到苹果馅儿饼了！"结果不用说，那两个人就此输掉了两袋金币。

也许你也会笑这对夫妇的痴傻，却不知这也是经营婚姻的一种智慧。试想如果老婆子真像那两个人说的把老头子揍一顿，后果会怎么样呢？聪明的老婆子用赞美的方式尊重了老头子的选择，不仅避免了一场战争，夫妻两人的感情也会因为尊重而更为甜蜜。其实，仔细想想，我们结婚是为了什么，难道就是为了有一个随时随地和你吵架的人吗？相信大多数的人结婚都是为了能够获得更为快乐和幸福的生活。而要想婚姻生活幸福、和谐，夫妻之间最需要做到的就是相互宽容、尊重、信任和真诚。

钱锺书的《围城》里，方鸿渐与孙柔嘉最终走向分手之途，最大的原因就是这对夫妻彼此伤害了对方的尊严。看来，夫妻之间亲密归亲密，但是还是得彼此尊重，否则酿成的只能是苦果。

"剩女"王萍终于在亲朋好友的三催四劝下选择了结婚。婚前的她一向是我行我素，完全跟着感觉走，可是自从走进了婚姻，有了另一个声音加入进来和她一起作出决定，有时还得听从更多人的声音或者顺从他们的习惯。就像结婚前，王萍嫌每天上班挤公车太累，于是毫不犹豫地从个人的小金库里提出一部分买了一辆小轿车。只要不是上班时间，她就可以随心所欲地享受生活，甚至是背起背包来一次徒步旅行。可是结婚后，一切都变了，公公婆婆抱怨她开车上班过于浪费，休息的时间出行也需要给老公和家人报告，有时即便是自己要出门，也会因为一些家庭琐事而取消。王萍觉得自己原来好像是一只自由飞翔的小鸟，可是现今却被圈在了一个笼子里。她曾试图与丈夫沟通，想为自己向往的生活争取一点空间，可是他却以家庭现状来为自己开脱，一点儿都不顾及王萍的感受，这让她感到很痛苦。经过一番苦痛挣扎，王萍选择了离婚。

俄国大文豪列夫·托尔斯泰说："家庭成员之间必须互相尊重，而不是互相拴上链子。"尊重是爱的根源，是爱情存在的基础。恋人间没有相互尊重就不可能拥有真正的爱情，夫妻间没有相互尊重也就无法建立幸福美满的家庭。相互尊重是幸福婚姻中不能忽视的重要因素。因此，要想家庭幸福美满，夫妻之间必须做到相互尊重。那么，怎样才能够做到尊重对方呢？你需要从以下四方面着手做起：

（1）尊重对方的工作

目前，夫妻俩在一起工作的不少，但也有很多是不在一起工作的，有的可能是妻子的工作好一点儿而丈夫的工作差一些，也有的是丈夫的工作好一些而妻子的差一点儿，这种情况下，有时夫妻间就会产生不尊重对方工作的现象。这种做法是极其错误的。无论职业怎样，每个人都是平等的人，夫妻间切不可因为其所从事的职业而不尊重对方，真正的夫妻应该是彼此尊重对方的职业和工作的。

（2）尊重对方的爱好

夫妻之间，兴趣爱好会存在着很大的差异，不可能完全相同。这时候就需要夫妻间互相尊重、支持和配合，努力使两个人的爱好向一起靠拢，以使矛盾尽可能少发生，切不可根据自己的所需，鄙视对方的爱好，强迫对方服从自己，这样只会使夫妻之间的共同语言逐渐减少，到最后导致感情破裂。

（3）尊重对方的劳动

现在的女性不同于以往，每个人都拥有一份自己的职业，在外面忙碌了一天，回到家里还要忙着做家务，这在整天提倡的男女平等中，本身就是一种不平等，但大部分妻子并没有说什么。可是却有很多做丈夫的不能很好地体谅妻子，反而认为做家务是妻子理所当然的分内事，因此就不太尊重妻子的劳动。比如，经常说这不对那也不对，总是挑剔衣服没有洗干净、饭做得不好吃，等等。想一想，妻子每天为做家务付出了很大的代价却得不到丝毫尊重，这是一种多么大的伤害，对于夫妻感情的发展也是极为不利的。

当然，如果妻子不尊重丈夫的劳动，也会破坏夫妻间的感情。

（4）尊重对方的人格

夫妻之间的打骂，是对他人人格的侮辱和不尊重，这对于家庭的稳定会产生相当大的破坏作用。夫妻二人说话要和和气气，遇到什么事要协商解决，不能一意孤行。丈夫不能有大男子主义，以为：我是一家之主，想干什么就干什么，想说什么就说什么；妻子是我的私有财产，我想打就打，想骂就骂。做妻子的也要防止出现"妻管严"的现象，不能对丈夫的任何事情都要问个为什么，不给他一点自由，使他失去作为男子汉的尊严。这样的生活是双方都不愿意看到的。互尊互敬才是夫妻生活中最基本的要素。

第五章 善待公婆，家和才能万事兴

家，多么温馨的字眼。它是世界上最好的地方，也是最温暖的地方。家和才能万事兴，婆媳关系的和谐与否，对于夫妻关系、婚姻质量，乃至整个家庭的发展都是至关重要的。

1. 家和万事兴

家，是人生的安乐窝；家，是人生的避风港。一个家庭想要“家和万事兴”，家庭里的成员要能相互了解、相互体谅、相互尊重、相互包容。女人作为家庭的重要成员，更应该懂得宽容忍让。忍让，能让家庭和睦；忍让，使全家相安无事。虽然学会忍让不是一件简单的事，但我们还是要忍让，因为忍让能为我们带来意想不到的收获。

宽容，是家庭和谐幸福的一个必不可少的条件。多站在别人的角度想一想，比如，在家里谁说了几句不中听的话，你不妨想到，他可能为别的事心里不痛快，或许他对什么事误会了；或许他天生的直筒子脾气，沾火就爆，过后他会想到自己的不对的；或许是因为他年纪小、想事情不周全；等等。这样就理解了、宽恕了、容忍了，也就不会放到心里去。这才是真正的忍，忍了之后，自己的心里也是坦然的、宽阔的、清爽的、平静的。

有一个老婆婆，有子媳各三，但一家相处融洽，终年不见狼烟。一日闲聊时，老婆婆谈起与媳妇的相处之道。她举例说，一次大媳妇煮点心，先盛一碗给她，并半征询半内疚道：“刚才我好像放多了盐，不知您会不会觉得咸了点？”阿婆吃了一口，即答：“不会！不会！恰到好处呢！”此后的一次，三媳妇煮点心时也给她送去一碗，说：“我一向吃得较为清淡，不知您口感如何？”阿婆喝了一口汤，忙答：“很好很好，正合我的口味。”结果自然是皆大欢喜。

忍让是通向幸福的钥匙。家庭中的矛盾、分歧很少有原则性的分歧。这时能以“忍”字为先，装些糊涂，表示谦让，矛盾也就烟消云散了。不然的话，就会激化矛盾。其实，是咸是淡、好吃难吃，都不重要，重要的是人与人相处时那种和乐的气氛。

试想，如果家庭成员之间因磕磕碰碰、丁丁点点的小事，不知忍让，不去克制，便针扎火爆地发脾气、耍野性，这个家庭还有什么和谐幸福可言呢？

婆媳关系是家庭中最难处理的关系，婆媳矛盾则是一个令清官也为之发愁的难题。在婆媳矛盾的背后，隐伏着母子之爱和夫妻之爱的竞争，这种竞争往往是无意识的竞争，事实上却是婆媳矛盾激化的一个很重要的因素。

父母为了把子女抚育成人付出了大量的心血，倾注了大量的爱。一般说来，到成家之前，儿子总是把母亲视为自己最亲的亲人。但是，一旦儿子结了婚，组建了自己的家庭，开始感受到夫妻之爱，这时，母子之爱便自然而然地降至次要的地位，儿子新家庭的利益不可避免地放到了他原来家庭的利益之前；而且，儿子在生活中遇到了什么问题，首先关心他的总是媳妇，而儿子也总是把生活中的酸甜苦辣更多地、更主动地向媳妇倾吐，把媳妇视为“第一参谋”。这时，做母亲的便会感到感情上受到了冷落。加上儿子成家以后同自己的接触较以前大为减少，做母亲的如果不体谅，便会埋怨儿子“娶了媳妇忘了娘”，而把一肚子的怨气一股脑儿倾泻在媳妇身上。因此，做母亲的要有“宰相肚里能撑船”的气度，看到儿子和媳妇相亲相爱，齐心持家，应该为之感到高兴，切不可妄生被冷落之感和疑忌之心。

马太太再一次和婆婆发生冲突以后，跑到表妹严女士家诉苦。当时，严女士正好有篇稿子要写，无暇陪她。马太太就和严女士的婆婆闲聊起来。

马太太无奈地说，她婆婆不讲卫生，做菜无味，整天唠叨，让人生厌。严女士的婆婆打断了她的话：“你该向这个‘糊涂’妹妹学学，她不嫌我这个乡下老太婆，我在这里一住就是五年。我炒的菜明明盐放多了，可她还说好吃！前天刚给我100元零花钱，今天早上又问我还有没有零钱用。”

严女士的婆婆一边说，一边呵呵笑起来……

午饭后，严女士打开洗衣机准备洗衣裳，却找不到早晨刚刚换下的衣服。“妈，看见我的衣裳了吗？”

严女士的婆婆却一拍脑门，笑着说：“瞧我这老糊涂，刚才一不留神把你的衣服给洗了。”

马太太看着表妹婆媳之间融洽的样子，愣了一下神，好像若有所悟地点点头。当晚，马太太深情地告诉严女士：“以前我总羡慕你有好婆婆，现在终于明白了，你们之间的糊涂可真难得啊！不计较小事小非，什么事都好办了！我以后真得好好向你学习。”

此后，马太太也当起了“糊涂”媳妇。令人欣慰的是，不久以后，她婆婆也被“传染”了，也跟她一起“糊涂”起来。以后，她们家再也看不见“硝烟”了。

自古以来婆媳相处就是家庭中的一大敏感问题，相处得来一切都好，要是相处得不好，婆媳过招的戏码就会常在家中上演。不过，尽管婆媳矛盾是一个古今中外令许多家庭头痛的难题，但只要当事者本着互相信任、互相尊重、互相爱护、互相关心、互相宽容忍让的态度，加上家庭其他成员齐心协力促使其向良性的方面转化，婆婆与媳妇之间一定会产生出真诚的爱，一定能够和睦相处。

2. 婆媳共处，相互体谅是关键

婆媳关系历来是中国家庭中最微妙的关系之一。不论是婆婆看儿媳，还是儿媳看婆婆，总有点“越看越生厌”的意思。不论是哪种家庭，总是难以避免地传出“婆媳不和”的声音。

毕竟，婆婆和媳妇这两个女人在前几十年是毫无关系的，只因为她们共同爱着一个男人而成为一家人，所以婆媳关系并不是婆婆和媳妇两个人的关系，而是比三角恋更复杂的三角关系。

有这样一句话，我觉得是把婆媳和平共处之法说到了极致：倘若您以体贴女儿的深情去对待儿媳，您一定是位受人尊敬的好婆母；倘若您像尊重关心亲生母亲那样对待婆婆，你一定是个受人敬重的好媳妇。

李玲从超市买回来一捆蒜薹，婆婆问多少钱，明明是四块钱，李玲却说三块钱。婆婆一听高兴了，要知道，下午在菜市场这样的蒜薹至少要四块钱一斤，还没这个新鲜。习惯了把“一分钱掰成两半花”的婆婆乐得眉开眼笑，直夸儿媳妇会过日子。于是婆媳两人钻进厨房开始忙活开来。等到老公下班回家时，饭菜已经摆上了桌。可是老公夹了一块蒜薹炒肉里的肉片一尝，立马大叫道：“这菜怎么这么咸？”望着刚做好的菜，李玲尝了一口，觉得肉片是有点咸，正不知如何是好时，婆婆尝了一口说道：“这肉哪咸了，我吃着刚刚好啊！你要是觉得咸就多吃点饭，我最近感冒了，特意让小玲多放点盐，不然吃着一点儿味都没有。”就这样婆婆的一句话让李玲下了台阶，餐桌上的气氛也立刻热闹起来。

看来，婆媳矛盾的关键是两人因为没有任何血缘关系而很难做到相互体谅。所以，在家庭生活当中，婆婆要设身处地地为媳妇考虑，体谅她的难处，力所能及地给她帮助；媳妇更要细心照料婆婆，让她切实地感受到媳妇在身边所拥有的那份温馨。平时如果能共同干家务拉家常，彼此间的距离将会更近。最重要的是，女人们要明白，婆媳关系的好坏在一定程度上决定着你的家庭幸福。

要想婆媳和睦相处，女人在平时的生活中最好做到以下几点：

（1）不要对丈夫家里人存在戒心或者疑心

每家都有自己的家风，每人都有自己的个性。不要指望丈夫的家应该是什么样，婆婆该怎样来对待自己。来到一个新的环境，就要以客观的态度来接纳它。

（2）接受丈夫对亲人的感情

在很多女人身上我们都会看到一种很有趣的现象：她们很爱自己的家人，对父母孝顺，对兄弟姐妹都很照顾，但唯独不允许丈夫对他的亲人有同样的感情。老话说：己所不欲，勿施于人。反过来也是如此，自己享有某种权利，就不要剥夺别人同样的权利。

（3）不要把婆婆同自己的母亲相比

你与母亲是血肉相连的，而婆婆在你前半段的人生中却是一个陌路人，只是因为一个男人而由陌路人成为亲人。你把由陌路人成为亲人的婆婆与你生命开始时相依的母亲相比，简直是太不公平了。所以，不要指望婆婆能像母亲那样待你，而你唯一能做的就是像待母亲一样待她。

总之，女人要想与婆婆和睦相处就要做到体贴，以一个女儿的心去对待她，用一片真心与她相处，那么我想婆媳是“天敌”将会在你的身上出现意外。正如古话所说：真心换真心，黄土变成金。而你用真心换来的不仅是婆婆的心，更是家庭的幸福、自己的幸福。

3. 与你的小姑子友好相处

俗话说：“小姑贤，婆媳亲；小姑不贤乱了心。”女人在想尽一切办法与婆婆和平相处的时候，一定不能忽视与大姑、小姑友好相处。因为在婆家，大姑、小姑可都是举足轻重的人物，如果她们不喜欢你，那婆婆十有八九也是讨厌你的；可如果她们喜欢你，那婆婆对你的印象也绝对不会差，丈夫也会把你当作宝贝。

对于大姑或者小姑来说，无论是弟媳还是嫂子，都是一个后来的“外人”，她们自己才是纯正的“坐地户”。可对于新媳妇来说，大姑、小姑迟早都要嫁出去，“嫁出去的姑娘，泼出去的水”，她们才是外人，而自己却是家庭的主要成员。正因为如此，姑嫂之间一般缺乏信任，感情上也相对封闭，很容易产生一些矛盾。

小林嫁给李彬的时候就知道有一个脾气不怎么好的小姑子，但在她看来，小姑子的脾气好坏与她的婚姻幸福没有任何关系，毕竟小姑子迟早都会嫁人。可是让她没想到的是，在小姑子还没有嫁出去时，她与李彬的婚姻却因为小姑子而终结。

其实，刚结婚的一段时间，小林对小姑子还是很照顾的，为她买了一套高级化妆品，在自己买衣服时还会为她捎带上一件。

可是随着相处时间的增长，两人之间的矛盾就显现了出来。由于公婆很宠爱小姑子，所以在家小姑子基本上只要张开嘴吃就行了，其余的一切都不用她动手。可是即便是这样，如若做出的饭菜口味差一点儿，她还会念叨上半天，让在厨房里辛苦了半天的小林很是郁闷，好几次都要回骂过去，但为了家庭和睦还是忍了下来。平常小林忙于工作，星期天好不容易休息，还要洗一大堆的衣服，其中还包括小姑子的衣服。看着躺在沙发上看着电视、吃着零食的小姑子，爬在地上擦地板的小林气得全身发抖。终于有一天，听着小姑子哈哈大笑，小林扔下手中的抹布，冲过去把电视给关掉了。就这样，小林与小姑子之间的第一场战争爆发。

也许是这次的战争埋下的祸根吧，在以后的日子里，小姑子每时每刻都会想尽办法挑战小林的耐心，引起两人之间再次的战争。自然，婆婆毫不犹豫地站在小姑子的一边，毕竟她们是母女，而自己只是一个突然闯进她们生活的陌生人而已。终于在与小姑子一年的战争中，小林对这种无休无止的家庭战争厌倦了。尽管小林仍旧深爱着李彬，可是她也清楚地知道，在这段婚姻里她不可能得到属于自己的幸福，不管她怎么努力，一切都是徒劳。因为他们之间横着一个小姑子，而小姑子身后是一大堆的亲友团，甚至老公的心也有一部分偏向于小姑子，而自己从始至终都是一个人。于是，在所有的努力都无望后，小林选择了离婚。

姑嫂关系可以说是家庭关系中最敏感、最容易出现矛盾的环节。如果处理得好，将会促进家庭团结和睦；反之，就会成天摩擦，闹得家人不安宁。那么如何与小姑子友好相处呢？

首先，做到尊重和理解，取得她心理上的认同。尊重她的自尊心，不可为了一点儿小事就以长者自居，挖苦她，贬低她；理解她的生活、工作和学习中遇到的酸甜苦辣，并给予支持和帮助。只有这样做了，小姑子才会在心理上认同你，才会拉近彼此之间的距离，才会像亲姐妹一样无话不说，无事不讲。

其次，不要把小姑子看成是一个包袱，更不可把她当成争夺公公婆婆财产的“眼中钉”。有的嫂子看到婆婆对小姑子好，就嫉妒，心怀不满，生怕婆婆将自己的“私房钱”独自给了小姑子。媳妇应该明白，小姑子和婆婆本是母女，婆婆对女儿好点，合情合理。不要因为小姑子不是自己的亲妹妹，就对她漠不关心。只有把小姑子当成亲妹妹，有福同享，有难同当，这样才会有家庭的和睦和幸福。

再次，把小姑子看成一种人脉资源，这样对你的事业和生活都会大有帮助。现在有一种时尚又实际的说法是圈子化生存。圈子是资源，比如一起打球的圈子、一起吃饭的圈子，这些都可能拓宽你的人脉，拓宽你的财源。为什么不能在自己的亲友中，尤其是亲友的同辈、同龄人中建立一个以亲情为纽带的亲友圈子呢？

4. 婆家娘家都是家

人们常说："嫁出去的女儿，泼出去的水。"可是对于独生子女的我们而言，想要完全如泼出去的水般对娘家不管不顾是不可能的事。对于娶了妻子的男人而言，若一心只想着自己的父母，却对妻子的父母置若罔闻也会引来许多的不满。当然，现实生活中因为婆家与娘家无法相平而引起的争吵也不少。

比如，曾在网上看过一段《夫妻为到谁家吃饭吵架，年夜饭成年夜"烦"》的帖子，说的是都是独生子女的夫妻两人恩爱有加，可是等到春节来临的时候，夫妻两人间却爆发了一场战争，原因是，妻子说自己自从嫁过来至今没怎么好好地陪过父母，所以应该乘过年长假的这段时间回家与父母好好聚聚，所以要求年夜饭跟自己的父母一起吃。而丈夫觉得这根本就没有道理，如若大年三十的把自己的父母丢在家里，去丈母娘家吃年夜饭，对自己父母不公，亲朋好友们也会说他是个不孝子，所以坚持年夜饭陪自己的父母吃。于是，夫妻两人不断地讨论，不断地争吵，第一次在一件事情上互不相让。

结了婚，迈入一个新的家门，你会突然发现三姑六婆莫名其妙地多了不止一倍，更为重要的是，我们也有了你父母与我父母之说，感觉上有亲有疏、有远有近，于是之间的矛盾也就不可避免地发生了，为二人世界蒙上了一层阴影。因此处理好婆家与娘家的关系是幸福婚姻中很重要的一部分。

那么如何处理好婆家与娘家的关系呢？情感心理或婚恋专家提出过不少的建议和主张。比如宽容，不要斤斤计较；大方，不要过于吝啬钱财；等等。但这只是解决了表面问题，而无法解决问题的根本。因为人与人之间的关系太复杂，无法面面俱到，处理问题关键是要用思想指导行动，首先必须要有正确的理念，没有理念指导的行动只能解决一时的问题，在出现新问题时可能又会束手无策。那么什么才是处理婆家娘家关系的核心理念呢？那就是：婆家娘家都是家，天平两端要放平。

说到底，婚姻家庭中任何的关系只要有爱作为前提，最终都能得到很好的解决，但爱总带那么点虚幻不够具体，只要落到实处这爱才有归所，在谈爱的同时要懂得把爱转化为日常生活的具体，转化为一种习惯或一种自然而为的理念，如果单纯把爱限定于精神层次或仅于男女两方的你卿我爱，则难以有长久的和谐和幸福。因此我们要想自己的婚姻家庭幸福，就必须与婆家人友好相处，从内心深处把他们当成你的家人。当然了，这就需要我们有技巧地付出。

（1）家是重情不重理的地方

谁家的日子不是柴米油盐、吃喝拉撒？有多少事情是需要拿到圆桌会议上讨论的？家是重情不重理的地方，不要想在这里讲理。当然，家事也有对错之分，但实在没有必要非弄出个所以然来。如果有人说太阳是从西边出来的，你就完全可以说对。只要你心里明白太阳是从东边出来的就行了，没有必要当面纠正，让人下不来台。在毫无血缘关系却又亲密有加的人面前丢面子，是人人都不愿意的！

（2）做一个好的倾听者

也许你与妯娌不和，也许你与小姑不睦，也许你总是在抱怨她们如何给你穿小鞋，怎么离间你与丈夫，怎么心胸狭窄、小市民，但你千万不要把这些想法诉诸于行动。记住一条原则：看法归看法，做法归做法。对这些亲人就是有了天大的意见，也要当她们是爱人的亲人。比方说，任何人都希望得到他人的尊敬，因此即使你觉得她们的烧菜水平在你之下，也不妨向她们请教其拿手好菜的做法；遇到困难时也别忘了征求一下她们的意见。学不学、听不听在你，关键是要让她们获得一种心理平衡，日后就会少制造一些麻烦。

（3）莫为小利斤斤计较

心眼小的人容易走进死胡同，爱为一些小事斤斤计较，处处总想着沾光，生怕吃亏。有时妯娌之间、大姑姐和兄弟媳妇之间、小姑子和嫂子之间、晚辈和长辈之间都会发生争执，产生计较。多数的计较大都是晚辈把目标集中在长辈身上，说长辈不公道。比如，老人看某个孩子的生活过得较紧，就多给了他点钱，或平时在生活上多帮助了他一些。此时，大姑子、嫂子、妯娌之间都会有意见，认为老的偏心眼，而且她们有些时候并不明说，却尽在老人面前说些疙瘩话。由此，可能会弄得婆媳不和，小姑子和嫂子之间见面不说话，妯娌之间闹分家。所以，在家庭交往中最忌讳的是相互计较，最可贵的是心胸宽广。

其实，婆家娘家都是家！只要放宽你的心胸，很多问题都会迎刃而解。

（1）时常与爱人父母闲谈

和人熟悉是从沟通开始，从闲谈起步的。在与他们所谈论的话题中，可以了解他们所感兴趣的事物，清楚他们的习惯和价值观，从而增强你与他们的熟稔程度。

（2）记得爱人父母的生日

作为子女，要想表达自己的孝意，父母的生日是千万不能忘记的。对自己的父母不能忘，对爱人的父母自然更是不能忘。这样做不仅有助于加强你与爱人父母的感情，也有助于你们的夫妻生活，使爱人因为你的善解人意而更加爱你。

（3）做事积极主动

在爱人父母家中时，要努力成为家庭中的一员，融入其中，努力争取一切可以劳动的机会，如收拾桌子、洗盘子、整理厨房、跑腿、铺床等，如此，自会让爱人的父母分外喜欢。

（4）让爱人陪自己回家

提前告诉爱人回家的时间。很多男女常在即将回家的前一刻才告诉爱人，并且专制地下命令："你必须陪我去！"如果这样，爱人通常都会不开心。每个人都喜欢被尊重，提前通知爱人，会让他做好心理准备，到时就不会那么紧张。

缩短待在父母家的时间。回家之所以会让爱人感到劳累，大多是因为早去晚归，有时还不得不陪各位亲戚多多寒暄。所以，你不如严格规定一个时间，缩短活动，如6点到达、9点离开。

（5）告状也要讲艺术

千万不要在爱人父母面前说爱人的坏话，这样做只会使你陷入孤立无援的境地。父母都有溺爱自己的子女的心态，自己怎么骂都行，但决不准许别人讲自己孩子的坏话。所以在他们面前，即使你与爱人开玩笑也要注意分寸，免得自讨没趣。如果你和爱人闹了矛盾，爱人的父母怎么劝你，替你数落他的不是，你都只需点头就可以了，千万不要毫无心机地控诉起来，小心在你们之间埋下不快的种子。

不要在自己的父母面前抱怨丈夫及他的父母。这实在不是明智之举。你的印象会直接影响你的父母对他们的印象，即使你是无意之中透露的，疼爱你的父母仍然会记在心里。如此，亲家之间自然无法和谐相处。

第六章

笑傲职场，事业是女人的第二生命

现代社会，职场可以说是一个看不见硝烟的战场，女人若想在竞争激烈、暗流汹涌的职场中脱颖而出，就必须学会左右逢源，悟透职场的秘密。只有修好职场这堂课，女人才能游刃有余。

1. 事业是女人独立的基石

家和事业可以缔造一个完美好强的女人。现代社会中，有知识、有智慧的女人们，平衡于事业与家庭之间，用全副精神来打理事业，用满腔热忱去经营事业。事业让女人一直充当潮流先锋，心态永远年轻。

女人首先是要做人。做人要有凛然的尊严、崇高的人格、独立的思想、健康的情感、良好的体格、正常的爱好。任何场合、任何时候，你都是你自己，不是工具、不是手段、不是附庸、不是月亮。除分工和生理的差异，女人应该实践自己与男人平等的角色定位。

女人也应有自己的事业和人生，你的人生不能在男人的怀抱里度过，更不能为了一个男人而活，你还可以有自己的下一站，你还可以选择。

人们常说："自信的女人最漂亮。"那么女人怎么才能使自己更加自信呢？那就是拥有一份事业，而且能把每周的五个工作日做得圆圆满满，同时还要有点不断进取的事业心。有工作、有事业心的女人才会更加自信，充满活力，才会有充实感。

称心的工作能使女人平衡事业与家庭的关系，这不仅是指女人的工作往往要兼顾事业和家庭，而且称心的工作本身就能够协调女人的情绪，保持女人的身心健康，从而对家庭的和谐有利。

这样的女人有价值感，而且能跟得上时代的潮流。

有事业的女人有一种不一样的吸引力，事业可以让女人妩媚生动、光彩照人，让女人更自强，更有勇气去面对生活中所遭受的艰难困苦，在挫折面前不低头。事业让女人相信自己可以克服所有的困难，并不断地完善自己。

小美是某著名高校中文系的硕士生，在临近毕业时，她结束了长达五年的爱情长跑，接受了先生的求婚。到该找工作的时候，她也和其他同学一样开始做简历、挤招聘会。当时她以为凭着硕士文凭和在报社、电视台实习的经历，一定能找到一份如意的工作。谁知道一跳进人才市场的海洋里，她就发现情况和她想象的大不一样。

周围的不少朋友劝她："何必辛苦呢？你老公留学归来，又是工科博士，那么多单位开价都是一万、两万的。你干脆不工作，在家写点小文章，赚点小钱，悠然自得不好吗？"于是她把档案往人才市场一放，选择了不工作。

可当最初的兴奋一过才发现这样的生活过得并不美好。先生每天去上班时，她还在睡大觉，中午一个人在家随便吃点将就着，一整天就在家里穿着睡衣到处晃悠。于是她开始觉得失落、觉得不快乐，渐渐地脾气越来越坏，动不动就发火。

深夜梦醒的时候，她不断地追问自己：这真的是我想要的生活吗？答案是：不。我想去工作，不是因为别的，而是需要。

于是，趁着先生到北京去发展的机会，她也开始像一个应届毕业生一样，开始了在上海的求职之路。终于，她在一家报社找到了一份做编辑的工作，尽管工资不高，却让她觉得很踏实。她说："在这个人才济济的城市里，我看到了太多优秀的女人怎样在生活。如果你问我，现在累吗？的确有点累，但我很满意。现在，见到我的朋友都说我比以前更有神采了。"

女人喜欢有人可以依靠，但这不是逃避独立的理由。只有善于驾驭自我命运的女人，才是最幸福的女人。在生活道路上，必须善于作出抉择：不要总是让别人推着走，不要总是听凭他人摆布，而要勇于驾驭自己的命运，调控自己的情感，做自我的主宰，做命运的主人。

现在更多的女性努力工作是为了释放自己最大的价值，在不断的进取和成绩中获得肯定和自我完善。她们和那些放弃工作、走入家庭的女性形成鲜明对比，更显独立自主，为社会创造价值，是城市街头匆匆奔走的亮丽风景线。

有这样一个故事：

有个女人，不愿意工作，最后只好当了乞丐。她每天祷告，希望奇迹能降临到自己身上。一天，当她祷告完毕时，发现有个白发老人站在眼前。老人告诉乞丐，上帝可以实现她的三个愿望。

她毫不犹豫地许下了第一个愿望：变成一个有钱人。刹那间，她就置身于一座豪华的大宅院中，身边有无数的珍宝，终其一生也享用不尽。

女人又许下了第二个愿望：希望自己变得年轻漂亮。果然，她立刻变成了一个漂亮的美人。

接着，她许下了第三个愿望：一辈子都不需要工作，更不要事业。

老人点头答应了，姑娘又变回了原来的样子。

女人不解：“这是为什么？”

一个声音从天际传来：“事业是上帝给你的最大祝福，你怎么能不要事业呢？如果你整天什么都不做，想一想，那是一件很可怕的事，只有投入事业，你才有可能变得年轻、美丽和富有，你的生命才有活力。现在你把上帝给你的最大恩赐扔掉了，当然一无所有了！”

这个故事告诉我们，女人的生命价值，很大方面在于女人事业方面的成功和成就。古今中外任何一个值得尊敬的人都是用辛勤的工作来换取事业的成功的。事业不仅是为了满足女人生存的需要，同时也是体现个人价值的需要。

经过职场的历练而成熟起来的女人，更经得起人生的大起大落。职场中的女人是一道美丽的风景，这与年龄无关，事业带给女人的成就感、充实、满足和快乐的感觉是别的任何东西所不能替代的。

事业能带给女人尊严、责任感和安全感！那种走在人群中的感觉，那种每天穿着整齐的套装行色匆匆、赶车上班打卡时的样子，那种在职场中像优秀的男人那样指点江山的魄力，难道不是女人最美的风采吗？

职业女性向传统挑战，向命运挑战，她们用智慧和勇气打造了一片属于自己的天空。女人用自己的方式主导自己的工作和生活，发挥个人的特长，博取事业的成功，赢得理想的实现。在她们身上折射出现代女人的生活品位和文化底蕴，在城市的各个地方起舞飞扬。

因为事业，女人变得自信；因为事业，女人才可以为自己量身定做属于自己的那份独特；因为事业，女人不会追逐满街的流行元素而盲目随波逐流；因为事业，女人才不会为脸上小小的斑点而耿耿于怀，才可以在素面朝天地向世人展示自然的美丽时做到神情自若……有事业的女人是最美丽的。不是因为鼓起来的腰包或者名片上的头衔美丽，而是那种专注和执着的美丽。

女人要靠自己活着，而且必须靠自己活着，这是女人立足社会的根本基础，也是形成自身“生存支援系统”的基石，因为缺乏独立自主个性和自立能力的人就像藤一样，没有了参天大树可供攀附，便不能向上生长，而只能蜷伏于地面。

2. 尊严来自实力

作为一个女人，在经济上应该独立，不依靠任何人，这样才不会被人看不起。独立，是幸福的前提。如果一个女人结了婚，以为终身有了保证，这辈子只要给丈夫洗衣做饭，每天窝在家里，迟早会失去婚姻的主动权，变得没有任何地位。一切以丈夫为中心，听不得其他人的劝诫，整天为柴米油盐忙碌，搞得蓬头垢面，到最后哭的只有自己。

张蕊在大学的时候就显露出好吃懒做的习性，她毕业之后，就在苏州嫁给了当地一个农民的儿子，同时也辞了自己的工作。其实，她完全可以不辞掉自己的工作，这样无论对自己还是对家庭都有好处。平时，张蕊总是拒绝同学们去她家探访，据说是她婆婆不愿意别人去走动，她便逆来顺受了。过了一年，他们有了自己的女儿。在这种生活环境中，与以前相比，她的性格发生了明显的变化。有一年大学同学聚会，在她身上已经完全见不到书卷气。服务员把菜一端上来，她就第一个迫不及待地下筷，见到虾来了，干脆就抓上两三把，往自己碗里送，还热情地为旁边的人夹菜，一副不吃白不吃的市侩相，这就是她最明显的变化。

在每一次的聚会上，张蕊始终不会多说一句话，有时甚至一句话也没有。也许她已经习惯了“沉默是金”，一个人待在家里的日子长了，她便患上了不爱说话的毛病，又或者由于她已经无法与他人找到共同语言了。这些噩梦，都是失业带来的。

堂堂一个大学毕业生，竟然甘心让自己沦落为一个黄脸婆。你想想，当你与社会完全脱节，与丈夫再没有共同语言的时候，他还能长期地这样容忍你吗？再说，没有工作没有收入，即使自己一心一意想当一个好母亲也很难。就拿张蕊来说吧，万一哪天她被遗弃了，又有什么资本与丈夫争夺女儿的抚养权呢？就算争到了，又靠什么去抚养、教育好孩子呢？所以，女人保护自己的方式之一就是要使自己在经济上能够独立。

女人一定要独立，不管未婚的还是已婚的，这是有关尊严和自信的问题。一个女人以前再漂亮再能干，如果失去了自己的经济基础，就会活在被动之中。掌握不了经济大权就意味着失势。即便是结了婚，也要有自己的工作，毕竟爱人不是全部。为自己找一个好工作，这样你才会有自己的工作与事业，也不会被男人看不起。当然，我们并不是让女人成为一个“女强人”，而是让女人在爱家的情况下成为一个“女能人”。

俗话说，“尊严来自实力”，只有这样，女人才有自己的天空，才能是独立的个体。而现在还有很多女性在抱怨男人的寡情，殊不知，是因为女人对男人的过分依赖，才让男人想逃，而且希望逃得越远越好！所以，为了自己的幸福，女人应该有一份自己的经济来源。工作最基本的需求是赚取生活费用，养活自己，贴补家用。当然，现在更多的单身女人努力工作是为了实现自己最大的价值，在不断的进取中获得肯定和自我完善。她们与那些放弃工作、走入家庭的女性形成鲜明对比，更显独立自主、特立独行，为社会创造价值，是城市街头匆匆奔走的亮丽风景线。

很多女人都认为，找个有进取心、事业心、责任感的丈夫，自己就幸福了。于是她们宁愿言听计从，一切由丈夫“当家”，自己充当“干事的”，甚至甘愿放弃自己原有的事业，闲赋在家做专职太太，扫扫地、做做饭、洗洗衣、拖拖地，衣食无忧，认为这就是她们所谓的“幸福”。

其实，幸福不能简单物质化，应该是个动态的感觉和状态。

从表面上看，丈夫风风光光，地位不低金钱不少，在女人堆里，自己也算是“有面子”的了。可是如果丈夫把心思全部放在工作上，难得一起吃餐饭、逛次公园、进次商场，这样空守的“幸福”又有多少味道呢？女人要顾好家庭，需要的不仅仅是这些。

更何况，女人如果在思想上和经济上不能自立，一切由男人做主的话，一旦男人受到外界的诱惑和环境的影响，交上些狐朋狗友，迷恋上赌博、沾染上嫖娼等不良“嗜好”，女人所说的话还有分量吗？还能说个“不”字吗？只能忍气吞声，接受现实！这种幸福难道是女人想要的吗？

如果女人能独立，有自己的理想、事业和追求，有着自己的经济掌握权，就不会受制于男人，男人对女人也不可小觑。事实上，男人还是喜欢有点个性的女人，喜欢“太听话”的女人的男人，很多心里都揣着个“小九九”。

女人应该有自己的工作，应该为自己的事业奋斗，即使在婚后也不应该把家庭当作自己的全部。纵使丈夫可以赚钱养活你，纵使你不愿意抛头露面吃苦受累，但仍要有一份事业和工作，在赚钱养活自己的同时，也更好地“养活”自己的精神世界。

经济基础决定上层建筑，你的经济基础则来自你的经济能力，而经济能力则来源于你的经验年金。

21世纪是一个知识经济时代，竞争的方式将不再是工业文明时代的体力，而是更多地表现为策划、推广、沟通、联络、互动、服务、协调……而女性特有的敏感、细腻、灵活、韧性、关爱、情商、注意力以及第六感觉，正是掌握21世纪竞争方式的绝对优势。发挥这些优势对于女人来说，最重要的是要有自己的经验积累。因而在这里需要强调的是你一定要把主要时间投入在学习、建立信用和建立名声这三方面上，以确保自己的经验年金的累积。为了达到这一点，具体要做到以下几点：

（1）每天都要学习

假如你打算再工作三十年的话，那么你就一定得每天努力学习新的知识和技巧。想想看，你今天学会了使用电脑的话，往后的日子里你将可以省下数百个小时的工作时间。记得一位作家说她每天至少要读一首诗、一篇散文，或是一篇故事。她把这些称之为“灌溉文学的心灵”。而你也要养成习惯丰富自己的知识，提升自己的见识。

（2）夯实自己的信用

假如你能专心学习就可以获得专业知识，并在别人的眼里成为某一个专业的权威。而且你也要知道有许多你需要学习的东西以及别人想要从你那儿知道的东西，都不是在大学课程里可以学到的。

生活是你的信用，经验是你的老师。但这不是只让你将时光一分一秒地溜走，而是要把自己在生活学到的东西，加以组织架构，然后把它转化成某种在市场上有价值的东西。有时，最难相信有专业才能的人是你自己，因为你总觉得自己还差别人一截。一旦你能在自己的眼中建立起信用度，你才可能把这份“可能”展现在大家的眼前，最终取得大家的信任，以及必不可少的生活上和工作上的依赖。

（3）宣扬你的名声

当你把自己的信用展现在世人眼前之后，就可以建立起自己的名声。当你在众人面前发表一篇演说、组织一个活动，或是训练一个新手时，就是展现才能的好机会。经由如此而建立起来的名声，也才会吸引别人带着他们的问题来向你寻求协助，这个时候要谨记，“骄傲使人落后”。

这样，你的专业权威或是处世能力就会受到他人的认可。以后如果某个公司或是朋友希望邀请你去共事，而你正好挪不开身的话，他们会一直为你留下空位，因为没有别人比你更适合这份工作。在这一个池塘里，不论它是大是小，你都算是一个“人物”，一个谁都想着、谁都记得的人物。目前，你的外面有很多个类似的池塘。而以你从前的个性，你会很努力地想要在每一个池塘里都溅起水花；现在你要明白，你只要能在其中的几个池塘里激起一阵涟漪就很不错了。

当你建立和宣扬你的名声到了一个程度之后，即使是五年、十年或二十年之后，别人依然会请你回来向他们传授经验教训，抑或是出谋划策。因为他们知道你是一个“永远都有新想法、令人尊敬值得依赖的人”，也就是你已经是一个品牌、品质的保证。

最后值得注意的是，这是一个良性循环。你花在学习上的每一分钟，都用在建立新的信用和名声上，这也就是你的经验年金。因此，作为一个女人，如果你想获得自由和梦想，积累是追求自由与独立生活的不二途径。你要从今天就开始投资，以后一生都有红利。珍惜这个令你可以投资的自由吧！

女人有了自己的经验年金，就会发现自己的能力，发现自己的信心，这时要善用自己的能力，实现自己能力的积累。到最后你会发现无论是社会的成功、生活的适宜，还是个性的张扬，男人在似乎仍旧主宰世界的运行的同时，也越来越发觉自己越发离不开女人。因此，一个追求美丽的女人一定要记得多多积累自己的经验年金，这才是一个女人的立身之本、独立之本。

一个女人，能够辛勤地工作，自己赚钱养活自己，这一点是非常难得的。同时，在经济上独立的女人才有魅力，那是需要女人在生活上有一份自己的事业，有一份自己能够离开男人之后的生存能力，有一份自己的原则，有一份自己善待自己的心，不断地学习做一个有生活质量的女人。女人在这个世界上是最辛苦的，所以，告诫所有女性朋友要善待自己，千万别因为安逸的生活而放弃自己的追求，放弃自己生存的能力，不要等到风雨来时而茫然。其实，当拥有自己的生存能力的时候，你就是这个世界上最有魅力的女性。

3. 随时给自己“充电”

随着现代社会的飞速发展、知识更新的加快，要想跟上时代的发展，充电已是大势所趋，否则就会失去生存的能量，而最终被社会淘汰。为了让自己不至于被时代的车轮碾碎，不断充实自己，掌握新知识，淘汰旧知识，就成了女人在职场里的生存之道。人们常说：活到老，学到老。身在职场，为了晋升加薪，使自己能胜任更多更有挑战性的工作，你就需要不断地学习，丰富自己的工作资本。

在女性中，文化水平及技能较低的女性“充电”意识较薄弱。其实，在职业生涯中，个人要成长的话，学习是很重要的。

只有那些随时充实自己，为自己奠定雄厚基础的人才能在激烈竞争的环境中生存下去。

古代著名的教育家孔子常常强调干劲及学习的重要性。但在孔子的众多弟子中，并非每一位都充满干劲，都勤奋好学。例如，宰予虽有一副绝好的口才，却怠于学习。对于宰予，孔子不禁摇头叹道：“朽木不可雕也。”但再怎么责骂这种人也难改其性，最终被社会淘汰的肯定是这种不可救药之徒。

在学习的过程中，除了干劲以外，还需要有另一种观念，即学习“充电”的观念，尤其是现在这个时代，“学而不思则罔，思而不学则殆”。然而书本知识只是基础，必须再用自己的理解力将其消化吸收才行。社会是一本巨大的书，需要你不断地去翻阅，因此，不“充电”的人会很快在现代社会中失去“能量”。

现代生活变化万千，节奏加快，要求我们必须抱定这样的信念：活到老，学到老。你也应该记住：最难战胜的劲敌，是那些一步也不放松的人。

我们常会听见“那个人是属于大器晚成型的”之类的话，意思是说，他现在虽然并不怎么样，但日后总会成功的。

从同样的起点开始工作，有些人能立刻掌握要领而展开工作，虽然这种人很少很难得，但他们往往自恃能力强，放弃了充实自己的机会，甚至渐渐退步。

与此相反，那些起先摸不清情况而不顺畅的人如果多方请教，同时自己也认真用功并继续保持这种态度，大多会获得很大的成果。这样的对比说明，不断学习是决定你能否成就事业的一个关键性因素。

人的成长是在许多人的帮助与指导下进行的，如双亲、师长、朋友等的指导，这些需要自己主动去学习吸收。

很多人从学校毕业进入社会后就失去了上进心，这种人以后都不会再有什么进步的。反之，那些学生时代不起眼的人在社会上往往恪尽本分，主动学习，从而取得长足进步而大器晚成。

所谓大器晚成的人必是那种保持自觉学习态度的人，他们勤奋地学习，踏实地进步，自身实力与日俱增，工作中的每天都有新情况、新挑战，学习与生活同在，生活就是学习。

一份工作，许多人干一段时间就觉得没意思了，想换一份，而换工作是有条件的，有实力才能换份工作，而实力来自你自己。现代社会的机会很多，你只要天天学习，就会天天有进步，才会天天有机会，你的生活也就会富有生机。

那么你应该用何种态度来应对你打算从事一生的工作呢？如果因为目前的工作进行得很顺利就感到很放心，每天优哉游哉地过安稳日子，那么目前的情形就不一定能维持很久了。“学如逆水行舟，不进则退”就是这个道理。

与此相反，如果能将这份工作当作一生的事业而埋头苦干，不断进取、不断创造新的东西，“活到老，学到老”，那么你的进步一定是无止境的。你就能日日以清新愉快的心情去做自己的工作。你不会觉得疲倦，当你有理想而不失去它时，你的生活会是多姿多彩的，你的心情也会是轻松快乐的。

而且这种人对自己的工作有一股拿生命作赌注的热忱，他把自己的使命刻在心里，为了完成使命，甚至愿意舍命去完成。当然，这里所谓的舍命并非字面意义上的舍弃生命，而是指让自己强而有力地去努力工作，让生命发挥最大意义上的作用。只有不断地为自己“充电”，这种生命力才会更加强大，你的“能量”才会不断得到补充，才能让生命更有意义，让生活更加美好。

如果你是一个渴望成功和幸福的女性，那么，就需要不断地努力学习，提高自己的素质，使成功成为可能。那么，你应该如何做呢?

（1）时时刻刻学习新知识

有很多人往往在取得初步成就后，就会产生“饱”的感觉，并进而抱着“守成”的观念，不肯再前进一步了。如今职场需要的都是“应用型人才”和“复合型人才”。你必须学会系统思考才可以在这个社会立足，让你思考问题的思路变得系统化，成为出色员工。要让自己时刻有一种饥饿感，一个对自己的工作有饥饿意识的人，会主动充实自己。因此，要想取得更大的成就，就要寻找机会充电、学习，以求完善自我、超越自我，脚踏实地地阔步向前!

（2）精通一门外语

现在职场流行读在职研究生，也就是一边工作一边学习，这样的学习方式对那些希望事业有进一步发展的人来说，是一种非常好的方法。曾经有人说过：“只有通过工作，才能保证精神的健康，在工作中进行思考，工作才是件快乐的事，两者密不可分。”精通一门外语、通晓国际商务规则的外向型人才备受青睐。加上目前的翻译软件还不太完善，所以，快速准确地翻译外文专业资料成了不少职场女性在参加办公会议前的必修功课。

（3）更新知识系统

科技的飞速发展，不仅使得工作变得轻松、快捷，也在全球开启了无限商机。然而，如今有许多女性仍然对科技知之甚少，这将成为女性成功的一大障碍。有的人为什么能够在工作中越战越勇，能够在竞争激烈的职场中胜出？因他们是从工作中吸取经验、探寻智慧的启发以及收集有助于提升效率的资讯。不管是在平凡工作中，还是在重要的工作岗位上，他们都认为自己做得永远都不够好，他们具备学习、吸收、适应以及运用资讯的能力，让自己的专业技能随时保持在巅峰状态。

（4）实践之中处处是学问

不管一个人多么努力、多么成功，他都得对职业生涯的成长不断投注心力。如果不这么做，工作表现自然无法有所突破，终将陷入日复一日重复的陷阱里头，所以，你要在工作中要求自己做到最好。如果你热爱目前的工作，你想学习，在实践中学也是一样的，用心就好。比如，既要向公司中的老员工多多请教，也要不耻下问，真诚友好的态度会赢得同事的友谊。另外，无论在公司内外都应注意与各行各业的人多接触，增长见识，开阔视野，而且不同工作、学习背景的人会带给你不同领域的新知识、新思想，使你的头脑跟得上时代的发展。

（5）充电应注意的问题

经济成本。职业女性在面对五花八门、价格各异的培训课程时，往往会显得无所适从。你要根据自己的经济状况选择适合自己的学习课程，超过你自己的承受能力是不可取的。

时间成本。合理地安排工作与学习的时间，学习有助于在工作中深化对知识的理解，形成学习促工作、工作促学习的良性循环。充电要考虑到时间的因素。如果平时工作量很大，有时还要占用业余时间完成工作，那最好选择利用周末和一段相对集中的时间参加学习。

机会成本。因脱产“充电”而放弃现有岗位上的发展机会、脱离熟悉环境、疏远人脉圈等，都是得不偿失的。

（6）找到适合自己的充电方式

如果你需要的是一块进入好企业的敲门砖，你可以选择能获取文凭，让你改头换面的系统学习；如果你已经拥有一份满意的工作，但危机意识使你产生继续充电的要求，你可以选择短期培训；如果你想获得更高的学历，则可以选择在职研究生班，但大多数在职研究生班申请硕士学位首先需要学士学位；如果你拥有较丰富的资历，相应的国际资格认证则会使你锦上添花；如果你想要获得海外学位，也有很多方式供你选择。

总之，无论是拿出专门时间去深造，还是在工作实践中不断学习，通过基础与后续坚持不懈的努力相结合，都能使那些有心的职场女性不断适应变化的环境，最终拥有纵横职场的能力。

4. 做一行，爱一行

有人问英国哲人杜曼先生，成功的第一要素是什么。他回答说：“喜爱你的工作。如果你热爱自己所从事的工作，哪怕工作时间再长再累，你都不觉得是在工作，反而像是在做游戏。”

无论你从事的是怎样的职业，也无论你当初选择这份工作的原因是什么，只要你选择了这个企业，就要热爱这个企业，拥有了这份工作，就要热爱这份工作，这就是职业道德感。

女人一生中扮演的人生角色有很多：子女、学生、同学、朋友……职业人也是其中一种。当我们能忠诚地做好其他角色的时候，为什么就不能忠实地扮演好职业人这个很重要的角色呢？

也许你现在很迷惘，不知道前方的路该怎么走，整天是做一天和尚撞一天钟。那是因为你没有给自己定位好，没有热爱自己的工作，没有热爱自己的公司和老板，没有明白职场中真正的职业精神。只是把工作当成谋生的手段，就很难享受工作中的快乐，就没有良好的心情，就一定会感到压力重重，这样不利于自己的健康。

那么，如何能有个好心情呢？这就要学会热爱自己的工作。当一个女人爱上一项工作时，即使业务再繁重也不会感到疲惫不堪。热爱自己的本职工作还有利于处理好与领导、同事的关系，工作中本着和谐有序的人际关系，就会使自己的工作更加得心应手，使自己的心情保持愉悦、舒畅。

我们常说，做自己喜欢的工作，那是一种享受。可是，现实中并不是所有人都能如愿地做自己喜欢的工作，大部分人的工作也就是一个饭碗而已。因此，很多人难免会造成心理和情绪上的困扰。及时调节自己的情绪，让自己尽快融入工作，培养对工作的感情，不失为一个好的办法。

在外企做销售的朱小姐，从小就是一个文静的女孩，喜欢看书，好安静，最多也就约上一两个知心朋友饮茶聊天。

大学毕业后，朱小姐做了中学老师。出于偶然，她进了朋友的公司做起了销售助理。没有工作经验又缺乏对工作的兴趣，朱小姐最初阶段做得非常辛苦，好在乐观和不肯服输的个性帮她度过了起初的辛苦阶段。朱小姐清楚记得做第一笔业务时所遭遇的尴尬。一向自视很高的她从未尝过被拒绝的滋味，但她第一次谈业务就遭到客户的拒绝，被拒绝后的沮丧让她备感委屈，同事的好心相劝更让她感到自己的辛苦，她打算退却。但朋友的一顿臭骂让她意识到自己的逃避和怯懦。此时，不服输的个性再次发挥作用。不断地坚持，使她终于在上班后的第二个月赢得了自己第一个客户。有了良好的开始，朱小姐对以后的工作越发有信心。虽然她知道自己并不适合这个工作，但努力却是她目前唯一能做的。

无论是对人还是对事，只有在了解和融入后才会喜欢。以后的日子她下功夫对公司的产品和市场进行了全面的了解，虽不是科班出身，但年轻又有一定文化程度，使她对新事物和观念的接受、理解很快。她还经常找同学和朋友聊天，一为收集信息，二为开拓自己的人脉关系，给工作提供便利。一段时间下来，她发现自己变了。曾经并不善于交际的女孩，现在居然能和客户拉家常、闲聊，内容还蛮丰富，更以特有的亲和力博得许多客户的好评。当她越来越起劲地做这些事的时候，她终于明白，自己已经喜欢上了这份工作。

改变后的朱小姐对现状很满意。半年左右，她已经从一个文静、书生气十足的女教师，蜕变成一个在圈中和公司里让人刮目相看的销售人才。

工作是美丽的，是庄严的，是幸福的。只有在工作中我们才会感觉到生命的悸动、人生的价值，才可以使衣食住行更有保障，个人变得更加智慧、勇敢、坚毅和高尚。即使你目前从事的工作无法让你拥有很好的生活条件，你也不能抱怨。

生活要有热情，工作要有激情，激情是成功的秘诀之一。我们的时代是激情燃烧的时代。我们这一代肩负着责任，要用责任心点燃激情，搞好自己的本职工作，为伟大的时代奉献我们的青春。

爱自己的工作是一个人永不放弃的信念，也是一个人获得成功的箴言。

第七章

找准方向，修成职场“白骨精”

成为职场白骨精，做职场达人，是绝大多数职场女性的梦想。但现实却不是每个女人都能成为打工皇帝般的“白骨精”。要想成为职场“白骨精”，需要持之以恒的修炼。

1. 在工作中寻找乐趣

做人不要活得太累，不要把工作当作单纯的谋生手段，要知道工作也可以成为日常生活中最愉快的事之一。从现在开始，摒弃旧观念，热爱自己的工作，从工作中寻找乐趣吧！

日本有位叫清水龟之助的邮差，工作了25年，已成为当地屈指可数的老邮差。凡是接触过清水龟之助的居民都十分喜欢他，因为感觉他每天都很快乐，居民从他手中得到信件和报刊的时候，也得到一份他带来的快乐。

曾有记者采访清水龟之助，问他如何这样快乐地做如此枯燥的工作。清水龟之助说了一个故事：有一个孩子，随母亲到寺院进香，看到方丈在洗桃子，孩子站定了不想离去。方丈便把洗好的桃子递给孩子，但孩子的母亲觉得这样不好，不让孩子伸手，并对方丈说：“师父还是自己留着吃吧，桃子若是给了孩子，你就少了一个！”方丈听后便笑了：“我少吃一个桃，却多了一个吃桃获得快乐的人。”于是方丈便把鲜桃塞到孩子手中，飘然而去。

清水龟之助说那个孩子就是他，从此以后，他就知道快乐是可以相互传递的。他因生活所需成为邮差，最初感觉很苦闷，但他不想把自己的苦恼传染给别人，就在工作时始终保持微笑。当他看到那么多人接到他送的信时露出微笑，那份快乐又传递给了自己，他觉得自己的工作是最有意义的。

可见枯燥的工作也可能构筑快乐的情绪，而且快乐不仅是自己的感受，只要能随时保持快乐的心情，同样也能影响到身边的人。如果一个工作团队，每个人整天都是愁眉苦脸的，那整个团队也将是一个没有“生命力”的团队。而假如某个人或某几个人情绪乐观，往往就能带动大家的乐观，团队也必将充满活力。

有些时候，女人该松手时就松手，人没有必要活得太累，快乐是最重要的。身心愉快了，做任何事情都有精力和热情，也就不用担心产生“工作疲乏”了。有时同事之间、朋友之间，多多谦让一点儿，大家的关系融洽了，也就给大家创造了一个和谐的工作氛围。保持一种平和的心境，爱岗敬业，也不用担心热情消失了。

有一位刘女士每天都是快乐热情地工作着。她说她的很大一个动力就是要给孩子树立一个好榜样。她认为父母对孩子的影响是在平时的潜移默化中。如果在工作上遇到了不如意，她也决不会把烦恼带回家中，因为那样会使得家人不开心，自己就更不开心，恶性循环。还不如自己好好调节一下，尽早恢复过来，保持工作的热情和快乐。

刘女士认为，保持工作的热情除了自身的努力外，工作环境也是至关重要的。她当初选择单位时就很看重公司的工作环境。她曾经建议公司的工会组织在职工中倡导“快乐地打工”，受到公司上下一致好评。公司里职员之间的关系都很融洽，相互关心鼓励，就像一个大家庭，没有钩心斗角，没有利益争斗，工作对大家来说也是一种享受，所以要保持工作热情就很容易，这也需要每个人的努力。

作为女人，拥有一份好的工作不容易，保持良好的工作状态和较高的工作热情是一个职业人必备的职业精神，随时调节好自己的心情，处理好偶尔的热情落差，是热情女人应经常修炼的情感课。

林肯说：“只要心里想快乐，绝大部分人都能如愿以偿。”只要我们愿意，生活中很多时候，往往都能寻找到乐趣。工作也是如此。工作意味着一种责任，不管你是否愿意。现代社会，工作已经悄然成为我们生活的一部分。既然如此，我们更应该重视它、热爱它。做人应该拥有积极的心态，一方面可以寻找自己感兴趣的工作，另一方面还要积极转变工作观念，枯燥也可变为愉悦，让工作变得更充实、更有意义。

2. 放低姿态，驾驭职场

每个人都以一种生命的姿态行走于世，各有各的姿态，各有各的行走方式，各有各的生存法则，就像浪花、瀑布、山泉都是水，只是存在的方式不同，无所谓高低优劣，只是选择不一样，生活的方式也不尽相同。那么对人、对事又该是何种姿态呢？

踏入职场，人生百态，酸甜冷暖，现代女性如何应对？像路边的小石头般远离日复一日的日常生活以及复杂交错的人际关系？反复向别人展示并证明所谓的“自我”？其实在日益复杂而又险恶的职场和社会，选择淡然处之，从容豁达，放低姿态做好自己才是重要的。没有谁是离不开谁的，没有谁是没有用的，面对挑战，全力做到最好，需要交代的只是自己；面对阻力，坚持走到最后，成功就在绝望的背后；面对挫折，勇敢见招拆招，自信才是永远的记号。

放低姿态，不是让你消极地掩藏自己，对任何事都保持静默，而是要你学会不把自己的意见强加给对方。若不顾对方对你的看法而一味坚持自己的看法，人际关系将因此而受损，更甚至将令你失去一个忠实可靠的合作伙伴。为此，许多时候为了消除他人对自己的误会而尽力解释，结果却换来更深一层的误会。只知道发表自己意见、不懂得倾听，过分热衷于解释的人，很难在职场生活中同人建立起良好的人际关系。而放低姿态不仅能替你减少许多不必要的争执，给成就增添光彩，也能给别人留下一个神秘深沉的印象，让人产生更多想要接近、了解你的欲望。

张娜毕业于某大学的外语系，她一心想进入大型的外资企业，最后却不得不到一家成立不到半年的小公司“栖身”。心高气傲的张娜根本没把这家小公司放在眼里，她想利用试用期“骑驴找马”。在张娜看来，这里的一切都不顺眼——不修边幅的老板、不完善的管理制度、土里土气的同事……自己梦想中的工作可完全不是这样。“怎么回事？”“什么破公司？”“整理文档？这样的小事怎么能让我这个外语系的高才生做呢？”“这么简单的文件必须得我翻译吗？”“噢，我受不了了！”就这样，张娜天天抱怨老板和同事，双眉不展，牢骚不停，实际工作却常常是能拖则拖、能躲就躲，因为这些“芝麻绿豆的小事”根本就不在她的思考范围之内，她梦想中的工作应该是一言定千金的那种。她总是感叹：“梦想为什么那么远呢？”试用期很快就过去了，老板认真地对她说：“你确实是个人才，但你似乎并不喜欢在我们这种小公司里工作，因此，对手边的工作敷衍了事，既然如此，我们也没有理由挽留你。对不起，请另谋高就吧！”被辞退的张娜这才清醒过来，当初自己应聘到这家公司也是费了不少力气的，而且就眼前的就业形势来说，再找一份像这样的工作也很困难，初次工作就以“翻船”告终，这让张娜万分后悔，可一切都已经晚了！

张娜犯的错是年轻女人普遍会犯的一个错误：好高骛远。实际生活中，我们要脚踏实地，时时衡量自己的实力，不断调整自己的方向，才能一步一步达到自己的目标，但凡在事业上取得一定成就的人，大都是从简单的工作和低微的职位上一步一步走上来的，他们总能在一些细小的事情中找到个人成长的支点，不断调整自己的心态，走向成功，而“眼高手低”只会让你永远站在起点，无法到达终点。

有些人认为，同事是自己在公司里的竞争对手，是职场上互有戒心的同行者，是对外保持一致而对内各怀心事的搭档，唯独是不值得信赖和学习的伙伴及不可以推心置腹互相借鉴的知己。如果同事也这样认为，那么在职场中你就不会有和谐、舒心的感受，有的只是怀疑、不安、紧张和愤懑的情绪。其实，“三人行，必有我师”，同事就是你身边最好的老师，也是让工作变得美好的关键人物。你为何不能放低姿态将同事视为“良师益友”呢?

3. 不要寻找任何借口

那些喜欢发牢骚、闹别扭，生活在不幸中的人都曾经有过梦想，却始终无法实现自己的梦想。为什么呢?因为他们有找借口的毛病。

不知道那些喜欢寻找借口的人是怎样养成这种习惯的。这些借口又能给他们带来什么样的好处呢？或许他们认为这样说会给他们的心理带来些许安慰，或许出于一种自我保护的本能。但不管怎样，有一点是很清楚的，任何借口都是不负责任的，它会给对方和自己带来莫大的伤害。如果为了敷衍别人或为自己开脱而寻找借口，则更是不诚实的行为。

真诚地对待自己和他人是明智和理智的行为。有些时候，为了寻找借口费尽脑汁，不如对自己或他人说“我不知道”。

这是诚实的表现，也是对自己和别人负责任的表现。这在某些方面恰恰是自信的表现。一个人在失去自信的时候，很容易为自己找很多借口，这其实是一种逃避行为。

在西点军校一直奉行着一种行为准则——执行命令，不要任何借口。西点的学员不管什么时候遇到学长或军官问话，只能有四种回答：

“报告长官，是。”

“报告长官，不是。”

“报告长官，不要任何借口。”

“报告长官，我不知道。”

除此之外，不能多说一个字。这条准则就是要求每一位学员想尽办法去完成任何一项任务，而不是为没有完成任务去寻找任何借口，哪怕是看似合理的借口。目的是为了让学员学会适应压力，培养他们不达目的誓不罢休的毅力。它让每一个学员懂得：成功是不需要任何借口的，失败也不需要任何借口，你的人生也不是由任何借口来决定。

如果员工都能像老板一样，用“没有任何借口”来严格要求自己的话，那么他就能出色地主动地完成任务，并能创造卓越。

吴越是一个残疾青年，腿脚不灵便，在车间里当普通的操作工。在一般人来看，吴越是根本不适合干这种工作的，因为这个车间是流水线的程序，每一个员工应该非常迅速地掌握操作过程，熟练地把产品的插板焊接上一个部件，然后按动按钮送给下一个人操作。如果稍有怠慢，就会影响整个车间的工作，流水线路堵塞会造成很大的损失。刚开始吴越应接不暇，流水产品一个接一个在她的工位前停留下来，她急得满头大汗。由于她的行动不方便，拿焊接机的手有些不稳，甚至用不上劲，无法把螺丝准确地上在产品的合适的位置上。领导对她发脾气，同事对她不满意，有的人还讽刺她说："你本来就不是干活的料，干脆回家休息去吧！"

吴越是个不轻易服输的青年，她决心用行动证明自己能干好这项工作，不但要干好，而且还要超越同事。虽然自己是残疾人，但她想自己没有任何借口向上司和同事要求特殊对待，顽强的斗志促使她付出加倍的努力来证明自己的价值。

于是，她比任何人都用心工作。早晨厂房门还未开，她就来到门口等着，手里拿着流水程序的操作技巧书；下班后，她一人仍然在研究这条流水程序的原理。同事说："你只管自己干好活就行了，还看什么其他的活是如何干的，真是傻瓜！"但是吴越不听劝告，她知道只有勤奋地工作，每天多干一点点，每天多学习一些新东西，自己才会超越别人，绝对不能为自己找借口。

一年后的夏天，工厂由于产品的销路不好，故宣布裁减人员并招聘新的厂长上任，重新调整厂内体制。大家一看厂门口的海报都愣住了。因为吴越不但没有被辞退，而且被提升为厂长，让她分管厂内事务。

上述事例是当今职场中比较常见的现象。无论你是健全的还是身体有些缺陷的，对工作都要尽心尽力，并且要没有任何借口地追求卓越，你才能成功。因为企业老板不会因你的缺陷或能力有限而另眼看待，让你少干活、多拿薪水。只有自己拯救自己，方能走向成功。

4. 用忠诚赢得信赖

每个老板都希望自己的员工忠诚、敬业、服从。对于他们而言，员工加入公司是一种要求绝对忠诚的行为，这是在经营管理过程中需要反复传播和灌输的理念。

在我们的一生中，最需要的就是寻找一项适合自己的终身事业，而不是自己的大半生都在从事的工作。它能给我们带来快乐、发展、财富甚至成功。它可以使我们全身心地投入，同时也能给我们相应的回报。

要想使自己的精神获得安宁，最好的办法就是找一个踏实稳定的目标。一位成功学家说：“如果你是忠诚的，你就会成功。”只有忠诚于你的工作，你的全部智慧和精力才可以专注在这个事业上。一个对自己岗位忠诚的人，不只是忠于他自己的理想，忠于一个公司，忠于一个行业，而且还忠于人类幸福。

忠诚，这一美德可以引导我们获得荣耀、名声及财富。忠诚能给我们带来自我满足、自我尊重，是一天24小时都伴随我们的精神力量。作为一种成功者的特质，忠诚和专心致志是一对孪生兄弟。

老板最明白忠诚的价值，只要你忠诚地投入到工作中，就能赢得老板的信赖，从而获得晋升的机会。在这样一步一步前进的过程中，我们就不知不觉提高了自己的能力，争取到成功的砝码。相反，表里不一、言而无信的人，一边为公司做事，一边打起了自己的小算盘，耍两面派，即使一时得意，但最终还是会害了自己。

忠诚于公司，跟老板的利益一致化，荣辱与共，全心全意为老板做事，把工作当成自己的事业去追求。公司成功了，自己自然也就赢得了成功。

李哲是一家文化公司的普通职员，从事电脑打字、复印之类的工作。她的工作室与老板的办公室之间只隔着一块大玻璃，她只要愿意，一抬头就可以看到老板的举止，但她从不向那边多看一眼。

李哲每天都有打不完的材料，她知道只有忠诚勤勉地工作，才能为公司创造效益，为自己改变现状。她处处为公司打算，打印纸从不舍得浪费一张，如果不是要紧的文件，她会把一张打印纸两面用。一年后，公司的资金短缺，员工工资开始告急，员工纷纷跳槽，最后公司只剩下几个人了。

这时，李哲并没有随波逐流。她知道在公司的危急关头，不能置之漠然，而应该主动承担更多的任务，与老板共患难。李哲在主动完成任务的同时，还积极研究市场的策划方案，两个月后，她的策划方案成功地为公司拿到了2800万美元的支票，公司终于有了起色。以后的四年，李哲作为公司的副总经理，帮着老板做了好几个大项目，又忙里偷闲炒了大半年股票，为公司净赚了500万美元。许多炒股高手问她是如何成功的，她嫣然一笑说：“一要用心，二要没私心。”

是的，在职场中耕耘奋斗的我们一定要真心实意地为老板做事，心胸宽广，诚恳踏实，这样你才能像李哲一样获取成功。从李哲的身上我们可以看到忠诚的魅力，它是一个员工的优势和财富，它能换取老板的信任与坦诚。如果你有了忠诚的美德，总有一天你会发现它已成为你巨大的财富。

忠诚，也是我们的做人之本。如果你失去了忠诚，就丢失了这个做人的本质，同时你也就失去了成功的机会。

忠诚不是从一而终，而是一种职业的责任感；不是对某公司或者某人的忠诚，而是一种职业的忠诚，是承担某一责任或者从事某一职业所表现出来的敬业精神。

对于老板来说，越往高处走，对忠诚度的需求就越高；相应的，我们的忠诚度越高，就越有可能获得提升。由此可见，忠诚对于一个职业人士来说，是多么的重要！让我们忠诚地做人、忠诚地做事，攀登成功的高峰！鲜花和掌声永远属于忠诚于职业的人！

5. 发挥“女性化”的魅力

许多有成就的女性，尤其是被称为“女强人”的女性，都有一种内心的矛盾，就是担心建立了自己的专业形象以后，会让男人觉得她失去了女性的魅力。

一位人类学家曾经说过：“事业失败会让男人失去男性的魅力，但事业成功却会使女人失去女性的魅力。”十年前，这种论调也许可以勉强立足，但是随着社会潮流的发展，如果你再相信大男人这种荒谬的说法，那便不能与时俱进，甚至剥夺了自己成功的机会。

的确，男人事业越成功，对女人越具有吸引力。不过，今天的女性和男性一样，越是事业有成越容易获得成功男性的欣赏，根本不用担心你的专业形象会影响你的女性魅力。如果你深谙“女性化”魅力的巧妙运用，你便会在事业上如鱼得水、游刃有余，获得男性的青睐。

能够在著名公司里站稳脚跟的女性通常是十分优秀的女性，她们聪明、有学识、刻苦耐劳、口齿伶俐、英明果断，办起事来大刀阔斧，绝不优柔寡断、因循守旧，而且懂得收起咄咄逼人的强悍。即使她们性格各异，但有一个共同点，就是都保持着一份“女性化”的妩媚特质——刚柔并济。

“女性化”的妩媚特质，可以表现在许多方面。有些人将它体现在高品位的女性化服装上；也有一些人将它体现在自己的办公领地，如在墙壁或办公桌上张贴、摆设女性化的饰物。

女性可以和男性一样，在事业中取得令人瞩目的成就，但在言行上千万不要与他们同化，甚至模仿他们讲粗话、斗酒量、狂笑或大失仪态。几乎所有的男人都不会喜欢男性化的女人。

你要用心维护“女性化”美的特质。“女性化”不代表穿得暴露、卖弄风情，这会显得低级庸俗，没有内涵；但也不是小女孩般故作天真，撒娇要赖。“女性化”摒弃所有的矫揉造作，而是要修炼内功，在举手投足间使人感觉到温柔善良的心灵，从容优雅的气质，精致丰富的内涵，眼波流转的风韵。当然还包括得体的服饰、健康靓丽的肌肤、真挚灿烂的笑容、积极向上的人生态度。

“女性化”不表示脆弱、没有主见、绝对服从，或承认能力不如男性。“女性化”首先要你认识到你是个女人，行为“女性化”。在工作上，把女性的特质适当配合事业上男性化的特征，进而得到男人的合作和支持。从前，很多女人为在事业上争得一席之地，常要模拟男人变得非常果断、刚硬，但现在，女人在事业上尽量发挥“女性化”的魅力，便能以柔克刚、以弱治强，保持刚柔平衡，成为成功的职业女性。

在与男性交往中还要注意以下几点：

（1）不要伤害他的自尊心

男人是自信骄傲的，他的自尊心脆弱而敏感。如果你的言行威胁到他的自我时，他会立即产生抗拒。因此我们要察言观色，关键时维护他的自尊，并适时夸奖，让他体会到你独有的温柔、体贴。利用女人的天性本能，我们可以轻松自然、不留痕迹地在与他和睦相处的同时，也维护我们的自尊。培养愉悦的性格和友善的态度，发挥“女性化”的魅力，这是职业女性应该表现的特质。

（2）要与他建立一个共同点

男人面对职业女性有时会手足无措，因为你既是一个能干的同事，又是一个女人。因此要想与他相处得舒服、坦然，就要建立一个共同点，最好能产生共鸣。可以先了解他的喜好，再对症下药。

培养与别人建立共同点的本领可以帮助你与他人建立随和的友情，对你事业的发展大有裨益。其实男人与女人一样，对家庭和子女都非常关心，比如问询孩子的读书、考试、生活情况等，都会使他口若悬河、滔滔不绝。由于性别差异，他与你谈及类似话题时会很放松，也能寻找到交换意见的空间，同时还能消除他的敌意和戒心。

（3）对他发出适当且由衷的赞赏

在适当时机，发出真诚的赞赏，这不但会使他对你的防线崩溃，而且你自身也会受益无穷。

英文有句俗语：“奉承可使你通行无阻。”只要我们是发自内心的赞扬，一定会使双方身心愉悦。比如，看到同事或上司戴了一条新领带，你可以问他在哪里买到的，让他感觉到你的鉴赏力，从内心首肯你的赞许。

在仪表方面，男人自视是专业人员，也感觉穿着得体非常重要，你的适时赞美会让他心情极佳。当然，赞美时谨记不能太露骨。注意，在有些人面前，你可以赞赏他的事业成就，但是不能赞扬他的仪表和衣着，否则会使别人误解你对他有意思，并令他尴尬。

（4）恰到好处地征求他的意见

其实这也是一种变相赞赏，因为这显示了你重视他的见解和经验，让他觉得他很重要，同时感觉你非常有女人味。但征求意见时不要让他感觉你事无巨细都问一遍，从而觉得你毫无判断力。

（5）敏锐觉察他的情绪变化

这是女性敏感细腻的特质，如果发挥好这一特质，你会是一个可以倾诉、依靠和信赖的对象。在办公室，当你发现某位同事气色不好或精神不佳时，要及时适度地给予关切的问候，让他感觉到你的细心体贴，你是随时可以为他提供帮助的，你是最善解人意的。

（6）要放慢语速，语气柔和

有的女性为了吸引别人的注意，说话时咄咄逼人。但我们不要忘记，这是男人不甘示弱的作风，如果女人也这样就犯了“与男人同化”的禁忌。你只会让他敬而远之，绝对不会获得他的垂青。因此，讲话时应音色委婉，语调轻柔，时常面带笑容，为自己树立一种温柔可亲的“女性化”形象。

（7）穿着得体，不容忽视

职业女性不必穿得刻板，应懂得根据自身的特点扬长避短，打造精致丽人形象。如果你有一个令人艳羡的胸围尺寸，那你的上衣就应时刻为你雕塑优美曲线；如果你练就了结实的腰肢，那就让贴身T恤和低腰瘦身裤展示你的健康活力；如果你有一双修长美丽的小腿，就应以裙装和浅色丝袜尽情诠释女性的万种风情……总之，你要发挥女性身体的特质，将自身的优势恰到好处地展现出来。

（8）保持健康靓丽的妆容

你也许终日紧张而忙碌，但无论如何你都不要忽略以健康靓丽的精神面貌开始一天的工作，你的妆容尤为重要，你要尽力使自己的皮肤看起来光洁、富有弹性，不妨施些淡妆。

上班妆切忌浓艳，要让人感觉舒适清爽。身为女性，特别要了解脸上最生动的细节，并把它的优势体现出来。如果要你的眼睛明亮动人，那每天早晨涂睫毛膏是必不可少的一道工序，一双明眸胜过千言万语；如果嘴唇是你的骄傲，那你一定要多备几支口红，让靓丽的色彩为你加分。

人际关系尽管复杂，却不能望而生畏、止步不前，培养良好的习惯不仅会对你的交际大有助益，而且使你的交际异彩纷呈，增添不少亮色，也可为你的成功奠定坚实的基础。

第八章

理解上司，做个踩准节奏的舞者

与上司搞好关系是职场中的头等大事，可是做起来并不容易，因为每个人都有自己的个性和想法。聪明的女人会想办法尽快适应自己的上司，这也是你步入职场需要学习的第一堂课。

1. 成功地与上司相处

除了最高层领导外，每个职业女性都有上司。有时你的工作完成得很好，你的业绩也不错，但你的上司却有可能不喜欢你。因为你只知道埋头做自己的工作，却不注意上司怎么看你。所以，不管你是什么样的职员，都要知道怎样让你的上司喜欢你、器重你、提拔你。

与你的上司和睦相处，对你的身心、前途都有极大的影响。以下准则可供参考。

（1）积极工作

做好自己分内的工作。在工作遇到困难时，有经验的下属很少使用“困难”“危机”“挫折”等术语，他把困难的境况称为“挑战”，并制订出计划以切实的行动迎接挑战。在上司前谈及你的同事时，要着眼于他们的长处而不是短处。否则将会影响你在人际关系方面的声誉。

（2）信守诺言

如果你承诺的一项工作没兑现，上司就会怀疑你是否能守信用。如果工作中你确实难以胜任时，要尽快向他说明。虽然他会有暂时的不快，但是要比到最后失望时产生的不满要好得多。

（3）倾听

当上司讲话的时候，要排除一切使你紧张的意念，专心聆听。眼睛注视着他，不要死呆呆地埋着头，必要时做一点记录。他讲完以后，你可以稍思片刻，也可问一两个问题，真正弄懂其意图。然后概括一下上司的谈话内容，表示你已明白了他的意见。切记，上司不喜欢那种思维迟钝、需要反复叮嘱的人。

（4）简洁

简洁，就是有所选择、直截了当、十分清晰地向上司报告。准备记录是个好办法，使上司在较短的时间内，明白你报告的全部内容。如果必须提交一份详细报告，那最好就在文章前面搞一个内容提要。

（5）讲一点战术

不要直接否定上司提出的建议。他可能从某种角度看问题，看到某些可取之处，也可能没征求你的意见。如果你认为不合适，最好用提问的方式表示你的异议。如果你的观点基于某些他不知道的数据或情况，效果将会更佳。别怕向上司提供坏消息，当然要注意时间、地点、方法。

（6）不要让上司认为你的存在有对他（她）的威胁

对于专权的上司，你必须将工作进程的每个环节都向他（她）报告，尽管私下你有自己的工作方式和作风，但在表面上仍要以上司的处理风格为自己的工作风格。这样既能表现出上司引以为荣的地方，又能让上司相信你是他（她）的“心腹”，至少也是值得信赖的下属。切记不要代替上司领功、跟上司

“抢镜”。

（7）了解你的上司

做下属的应该适当了解上司的生活习惯、处世作风，然后投其所好。但若处理不当，则会被其他同事认为是巴结上司、拍马屁，结果是背上骂名。所以尽管要投上司所好，但对其不当言行，仍应避免迎合。一个精明强干的上司欣赏的是能深刻地了解他，并知道他的愿望和情绪的下属。

（8）关系要适度

你与上司在单位中的地位是不同的，这一点心中要有数。不要使关系过度紧密，以致卷入他的私人生活之中。与上司保持良好的关系，是与你富有创造性、富有成效的工作相一致的，你能尽职尽责就是为上司做了最好的事情。

切忌与上司建立私人感情，应当保持纯洁的工作关系。跟上司讲太多的私生活话题，会影响你在其心目中的形象，其他同事也会因为你与上司的私交甚密，而对你另眼相看。有的会刻意亲近你，借此攀结上司；但更多的则会对你有所避忌，使你的工作及社交出现障碍。

（9）维护上司的形象

你应常向他介绍新的信息，使他掌握你工作领域的动态和现状。不过，这一切应在开会之前向他汇报，让他在会上谈出来，而不是由你在开会时大声炫耀。

（10）不要随便背叛和攻击上司

现实中的确有一些领导令你忍无可忍，但十有八九的上司不喜欢背叛他的下属。随意攻击上司，吃亏的是自己，其他同事只当作看一次免费表演，令你意想不到的一连串的报复将会伴随着你，直到你离开。当然，若上司没有丝毫容人之量，离开他（她）又何妨？

（11）勇于承认错误

如果你违反了单位纪律、工作规则，就应对自己的过失负责，应深知承认错误并非羞耻之事；相反，被人揭穿了仍死不承认才是不明智的。

2. 做个领导赏识的职业女性

职场上的每个女性都期望获得加薪、升职的机会和其他工作报酬，至关重要的因素却是你所显示的非凡的工作能力，以及你与老板的良好关系。如果这两者你都具备了，那么工作顺心，加薪、升职不成问题。

王倩是刚从大学毕业的计算机专业研究生，进入公司后发现公司里人才济济，和她学历相仿的人也不少，看来提升的希望是很小的。于是她发挥自己在大学里的计算机专业知识的特长．使公司生产效率一下提高了不少，并且对同事在工作上的请教有求必答，热心帮助别人。她不仅赢得了领导的赏识，也受到同事们的欢迎。不久，王倩就被老板提升为业务副主管。

你遇到过如下问题吗？自己整天忙忙碌碌、人前人后，可是就没人注意到你；自认为工作能力强，经常有创见，可总是得不到老板的赏识。是什么原因导致了这种情况呢？应该如何改变这种状况呢？如下建议肯定会有助于你：

（1）明白老板的真正意思

大部分女性都是有心的女性，比较善于聆听老板的话，并领会其含义。所以，女性在做事情时，首先要让老板知道你热切地期待他的事业成功。为此，你可以在他面前不时谈论他的抱负或目的，并尽力做一切有助于其达到目的的事情。你的职责就是帮助老板实现他的真正意图。但老板的意图是什么呢？有时候答案很明了，有时候你就得花点脑筋。

王英是一家电脑公司的销售代表，她很满意自己的销售业绩，不止一次向老板解释，她为说服一家小电脑商买公司产品费了多大劲。但老板只是点头微笑而已，然后告诉她："你怎么不多考虑一下那些一次就定300台的大主顾呢？"王英恍然大悟，从此她开始把注意力从小主顾转到大批发商身上，使公司生意做得更大。

（2）说话谨慎

俗话说：祸从口出。职场表面上似乎十分单纯，实际其中的关系也许极度复杂。从没有引起你注意的前台小姐也许就是老板的熟人，看起来没有权力的老大姐级的职员，也许她的亲戚或她的丈夫就是你的顶头上司。

女人往往喜欢闲聊，说得多了难免东家长西家短地八卦起来，也难免透露一些工作中的机密。没有背景的你一定要注意说话，宁愿少说话也不要说错话。

（3）助老板一臂之力

这个世界早已不是男人的天下，女性也可以有自己的事业，但是当女性一味追逐个人野心时，就会很容易忘记你受重用的最基本条件：老板认为你会助他成功。

露西是一家器械连锁店经理秘书，她和经理莫尼卡一致认为，如果公司扩大，生意肯定会翻倍，可莫尼卡一直不能使上级管理部门相信扩店会带来可观的利润。在一次会议上，一位上级负责人问露西工作得怎样，露西答道："我喜欢莫尼卡的工作态度，把所有商品和顾客挤压在这么小的地方，换了其他经理早该嘀咕了。上周，我们就不得不直接在货车上经销电视机；要是我们有更多的空间就好了，顾客准会更满意。但我们会从实际出发，尽力而为。"不出几日，公司给莫尼卡的店增加了一间门面。果不其然，小店销售额顿时上升。莫尼卡对露西的出色表现大为赞赏。

（4）苦中求乐

工作中肯定会有轻重之分，如果没有相当的背景，难免别人会给你一些费力不讨好的工作，并不会因为你是女人而对你另眼看待。那么不管你接受的工作多么艰巨，不要抱怨，人生难免有一些困难的时候，抱怨既不能减轻困难，也不会得到别人同情，不如笑着面对好了。

如果你没有完成，大家也都知道你做的是什么难度的事情；如果完成了，那证明了你的本事，你的转机也许就因此而来。

（5）做老板的参谋

没有女性喜欢拍马屁，但她们又认为不拍马屁似乎就不能得到老板的赞赏。其实，用不着拍马屁，你也可以在各方面显示你的忠诚。

小梅是一位负责国际市场业务的副总经理的助手，有一天接到一个急任务，根据老板的指示赶制一份图表。制图表时，她注意到老板写的“当美元坚挺时，出口会增长”。小梅清楚这话反过来说才对，于是就改过来并告诉了老板。老板感谢小梅纠正了他的疏忽。第二天，老板的发言相当成功，于是他对小梅的工作能力赞赏有加。

（6）勇于承担责任

任何人都会犯错误，女人在职场要想不犯错误简直是不可能的。遇到难以完成的事情，争取过来做就是了。表面看起来这似乎是在做不可能的事，但是你也许不知道，公司中很少有上司因为下属没有完成一件困难的事情而解雇下属。

有困难的事情实际上是一个机会，同时也显示了你勇于为公司、单位承担责任，实际是你表现的机会，是你的机遇。

（7）提前上班半小时

很多人都特别留恋早晨温暖的被窝，总是在上班前5分钟才急匆匆赶到。因为这样赶路，有时候难免就会迟到。别以为没人注意到你的出勤情况，上司可睁大眼睛在瞧着呢！

知道每天提前一点到达的意义吗？著名的打工皇后吴士宏就是用每天早到半小时这种精神从IBM低层的员工，发展到了今天的地位。早到半小时，不但给你的形象会带来巨大的好处，而且会真正影响到你每天的工作状态。

想想看，当别的女人还在化妆或者正急匆匆赶拥挤的公车的时候，你已经坐在办公室开始了对一天工作的规划，你们的区别会在哪里？这看起来很小的优势会让你在短时间内将其他竞争对手拉开很大的距离。

（8）善于学习

女人要想成功，树立终生的学习观是必要的。既要学习专业知识，也要不断拓宽自己的知识面，往往一些看似无关的知识会对你的工作起到巨大的作用。很多报纸、杂志看起来只是一些庞杂的无用知识，实际上也起到了开阔视野的作用。记住一句话：开卷有益。

（9）为老板解燃眉之急

女性想升职的一个重要环节，就是要时刻帮助你的老板解决棘手的难题。

琳是一所大学的负责注册工作的主管秘书。主管罗杰尔所掌管的注册系统很混乱，许多班级名额超员了，可有些班人数又太少而面临停开的危险。琳向罗杰尔自告奋勇，领头去加以改进，罗杰尔高兴地答应了。结果，系统大为改观。当罗杰尔被提升为一所联合大学的注册主管时，他提升琳为副主管，琳帮他改进注册系统一事使她得到赏识。

（10）反应要快

永远要记住：上司的时间比你的时间宝贵。所以，对于上司临时指派给你的工作一定要尽快完成，千万不要让上司来催促你，接到任务后要迅速完成，然后主动汇报。这不但是一个人能力的问题，而且牵扯到上司心目中对自己计划执行情况的估量。

如果你总是能够完成上司指定的工作，无疑在上司心中你的执行能力会大大提高。现在执行能力甚至超过策划能力，很多事情能够策划的人很多，而能够执行的人却寥寥无几。

（11）保持冷静

遇到紧急事情发怒生气是无济于事的，最重要的是保持冷静。保持冷静固然不会改变局面，但是起码让你能够思考如何来应对。面对任何困境都能处之泰然的人往往是那些能够解决问题的人。

在与人交往中，这一点尤其重要。很多女人之所以得不到提拔，主要的原因就是过于喜怒形于色，心中藏不住事情。这样的人领导怎么能放心告诉你机密，你怎么能够成为心腹?

（12）巧妙地赞扬领导

许多经理都想得到下属的恭维，特别是当经理是位男士的话，他更期望得到女性的赞美，聪明的你可以在这点上使他们满意。如果他做成一笔大生意，你也可以说："我真佩服，你究竟是怎样搞定这一笔大买卖的？"

向上一级主管赞扬你的经理可以得到出人意料的回报。但千万注意不要用诸如"鼓舞人心的领导"之类含含糊糊的话来奉承。好的恭维应该是具体并且让主管听了也顺耳的。

露丝是一公司业务主管，在一次董事会上被问及工作怎样时，她回答道："总管史密斯先生可是个懂管理的行家。他一直努力使公司业务繁忙，欣欣向荣，而且管理得井井有条。此外，他还很注意与职员沟通感情呢！"事后，史密斯先生对露丝说："真高兴得知你我有一致的管理风格，现在告诉我，你有什么困难没有？"

培养与上级良好的关系不仅使你获益，而且使你踏上成功的阶梯。

（13）保持平常心

即使你做好了上面的一切，也不一定会升职。成功需要机遇，即使一件十分简单的事情也有可能出现复杂的变化。女人要成功本来就比男人成功麻烦一点儿，做好足够的心理准备并不是一件坏事。

当你以为成功就在眼前却没有得到提升的时候，这时如果没有心理准备往往就会自暴自弃。也许，就在你选择放弃的时候，真正的机会就会到来。所以，平常心的心理准备不但能够减轻你的失落感，同时也能给你带来更多的机会。

不仅运动员需要具有良好的心理素质，一般人在工作、学习中也十分需要。保持平常心、提高心理素质是女人成功的必要准备。

3. 千万不要“得罪”上司

白领女性作为上班族中的一员，无时无刻不在与上司打交道，大部分是工作上的接触，但也有可能是非工作方面的。不可避免地就带来了另一个问题——有意无意地会与上司发生“冲突”。

不管谁是谁非，“得罪”上司无论从哪个角度来说都不是件好事，只要你还没想调离或辞职，就不可陷入僵局，否则在这样的环境里工作你不仅不愉快，而且还可能会影响你的前程。所以你有必要提醒自己不可一时冲动，而要理智地处理，为自己留有回旋的余地。

（1）不要急于找同事倾诉

无论何种原因“得罪”上司，作为女性往往会想向同事诉说苦衷。如果失误在于上司，同事对此不好表态，也不愿介入你与上司的争执，又怎能安慰你呢？假如是你自己造成的，他们也不忍心再说你的不是，往你的伤口上撒盐，更有居心不良的人会添枝加叶后反馈到上司那儿，加深你与上司之间的裂痕。一般来讲，上司的自尊心都较强，不愿意将下属顶撞他的事宜扬出去，因为这有损于他的权威。如果是上司自己的失误，则更不想扩大影响。所以最好的办法是自己清醒地理清问题的症结，找出合适的解决方式，使自己与上司的关系重新有一个良好的开始。

（2）适时与他沟通

当你控制住自己的情绪后，下一步就是要消除你与上司的隔阂，因为你还要与上司相处，受其领导，如果相互之间心存敌意，总会给你的工作以致你今后的发展带来负面的影响，所以最好自己主动地伸出“橄榄枝”。如果是你错了，你就要有认错的勇气，找出造成自己与上司分歧的症结，向上司作解释，表明自己在以后以此为鉴，希望继续得到上司的关心。假若是上司的原因，在较为宽松的时候，以婉转的方式把自己的想法与对方沟通一下，你也可以自己的一时冲动或是方式还欠周到等原因，无伤大雅地请求上司给予宽容，这样既可达到相互沟通的目的，又可以替其提供一个体面的台阶下，有益于恢复你与上司之间的良好关系。

合适的场合包括时间、地点和人员，如果是你单独“得罪”

了上司，为减少知情者，就应与上司单独沟通，取得上司的谅解。如果“得罪”上司有旁人在场，那就应该当着知情者的面向上司承认错误，要求上司的原谅。如此，既挽回了影响又维护了上司的权威。有一点要记住：时间应越快越好！以免因时间过长而形成积怨。

如果是上司的原因，不管是否有旁人在场，作为下属都应与上司单独交流。而在时间的把握上更应适度，过早会给上司以“得理不饶人”的印象，过晚则难免就有些“斤斤计较”了。当然，如果在以后的类似问题处理上，发现上司已经意识到他的失误，并有所改进的话，那么你就应该永远不要再提此事。这是上上策！

（3）不要带着情绪去工作

即使你受到了极大的委屈，也不能把这些情绪带到工作中来，很多人会以为自己是对的，等着上司给自己一个“说法”，于是，正常的工作也中断了。由于很多工作是靠着众人之间一起协作才能完成的，你一旦停顿就会影响工作的进度、拖了别人的后腿，使其他同事对你产生不满，更高一层的上司也会对你形成坏印象，而上司更有理由说你是如何如何不对了。

这时，你必须告诫自己，克服自己的情绪，无论在什么情况下都不要影响自己手头应做的工作。而有些人以不做工作来胁迫上司，这是极不理智的行为，只会使自己今后的处境更为不妙。

（4）利用轻松的场合淡化上司的敌意

如果你与上司有冲突，不可用敌对或是藐视的眼光看待对方，否则只会使自己今后的处境更加尴尬。即使是开明的上司也很注重自己的权威，都希望得到下属的尊重，所以当你与上司冲突后，最好让不愉快成为过去，你不妨在一些轻松的场合，比如会餐、联谊活动等场合向上司问个好、敬杯酒，表示你对他的尊重，上司自会记在心里，排除或是淡化对你的敌意，同时也向人们展示你的修养与风度。

即使是与上司进行了有效的沟通，取得了谅解，今后也要加强自身的修养，注意自己的言行。如果重复犯同样的错误，那么就会真的得罪上司了。

4. 与上司“心心相印”

对于有意成就一番事业的老板来说，总是思贤若渴、惜才如金，对有培养前途、富有创意的职员总是关爱有加、倍加赞赏。因为这样的人才难以挖掘，正是“千军易得，一将难求”。当你遇到这样的“明主”后，你不妨尽量施展你的才华。

比如说，当你有一个新的提高效益的方法，就应该在适当的时机向你的上司提出，争取得到他的支持。如果你的上司说：“各位，我们来研究一下工作流程是否可以改善一下？”严格说来，这样的话不应该由你的上司来讲，而应该由你说出。所以每过一段时间，你应该想一下工作流程有没有改善的可能？如果你才是你所做的工作的专才，而你的上司不是，却由他提出了改善计划、想出了改善办法的话，你应该感到羞愧。

你敢说你的工作流程都很完善？事实上，任何一个工作流程都不是十全十美的，都有改善的可能。最糟糕的是大家都无所谓，安于现状，不对它进行改善。一个组织没有进步，这点做得不好是重要的原因。大家都不想改善，而你却做到了，你就同他人不一样，上司也会喜欢你、看重你。

在日常生活中，待人处事也应做到知己知彼，“见什么人说什么话”。对不同的领导运用不同的交往手段，随机应变才能事事顺遂。比如，在和领导相处时，就要根据领导的性格特点和好恶，对自己的为人处世方式作一些必要的修正，以便迅速赢得领导的好感，建立起一定的感情。在此基础上，领导才会有兴趣深入了解和考察你的才干，并使你“英雄有用武之地”。

李娜为人热情大方，很善于与各种各样的人打交道，在调到一个新单位后，她首先想到的是如何赢得领导的好感和赏识。在作了一番调查后，她得知领导为人保守就毅然舍弃了长发、牛仔等时髦装束，而以循规蹈矩的新形象出现在领导面前。

在初步赢得领导的好感后，李娜就想发挥自己热情、乐于助人、慷慨大方的优点，主动与领导交往，建立友谊。不料，领导为人孤僻多疑，喜欢独处，对李娜的热情颇不习惯。李娜碰了几次壁后，就决心改变策略，去顺应领导的性格特点，不再经常围着领导转。

后来，李娜发现领导有一个最大的爱好——打乒乓球，于是她就苦练了一段时间的球艺，然后频频在领导常去的一家俱乐部露面，并每次都是和领导在一起对阵、切磋球艺。此举果然奏效，在球来球往中领导渐渐放松了心理防卫，与李娜成为朋友。

经过一番交往，领导水到渠成地了解了李娜身上的优点和才干，在工作中对她予以重用。李娜投其所好，出色地把自己推销给领导，从而赢得了事业上的成功。

由此可见，投其所好不仅是一种做官的手段，更是一门高超的做人手段。

相当一部分上司都喜欢以“婆婆”的姿态出现，事无巨细，他都要亲自过问，并插手去干预，他的一切言行就是命令，这样的上司实际上已到了过分专制的地步。

倘若你的上司是这种类型人物，你一定会时常感到精神总是处于紧张状态，很难在工作中获得成就感。所以，你必须努力争取自己的权益，以真诚坦率的态度对上司说出心中的话，尝试以朋友身份挚诚相待，看看他究竟有什么忧虑，或是什么原因总是对下属缺乏信任。你应该相信，你的上司也是一个普普通通的人，很多时候也需要人家的肯定，肯定他的人生价值与成就。倘若他对任何一件事都表现出放心不下的态度，你要尽量想办法让他感到安心，而最好的方法莫过于主动向他报告你的工作进展情况，让他对一切了如指掌。

上司的心中往往有些疑虑：下属每天好像都很忙，但又不知道他们在忙些什么。因而下属一定要主动报告自己的工作进度，让上司放心，不要等事情做完了再讲。有时小小的一点错误发展到后面就会变得很大，所以最好早早地向上司汇报你的工作进度，一旦有错误，他可以及时地纠正你，避免犯大错误。

作为一个下属，你有多少次主动向上司报告你的工作进度？须知，经常地向上司报告，让上司知道你的工作进度，让他放心，才能让他继而对你产生好感。对上司来说，管理学上有句名言：下属对我们的报告永远少于我们的期望。可见，上司都希望从下属那里得到更多的报告。

因此，下属越早养成这个习惯越好，相信你的上司一定会心情舒畅许多，而对你再也不是那样虎视眈眈，你与上司的合作一定会渐趋轻松愉快、纯熟自然。

5. 积极主动地与领导沟通

在当今飞速发展的企业中，使企业和下属自身获得更大的利益，领导和下属更融洽地合作，实现最优化管理，首先要具备一种非常重要的能力——沟通协调能力。

阿尔伯特是美国金融界的知名人士。初入金融界时，他的一些同学已在金融界内担任高职，也就是说他们已经成为领导的心腹。他们教给阿尔伯特的一个最主要的秘诀，就是“千万要肯跟领导讲话”。

之所以如此说，是因为许多下属对领导有生疏及恐惧感。他们见了领导就噤若寒蝉，一举一动都不自然起来，即使是职责上的述职也可免则免，或拜托同事代为陈述，或用书写报告代替，以免受领导当面责难，等等。长此以往，这样的下属与领导的隔阂肯定会愈来愈深，因为领导是希望与你沟通交流的。

人与人之间的好感是要通过实际接触和语言沟通才能建立起来的。只有沟通才可以使领导与下属之间更好地发现问题，从而“对症下药”，大大提高办事效率。一个下属也只有和领导积极进行沟通，跟领导进行面对面的接触，把自己的意愿与想法真实地“传输”给领导，让自己真实地展现在领导面前，才能使领导切身地认识下属的工作才能，自己才会有更多被赏识的机会。那些信奉“沉默是金”“言多必失”的下属无异于自毁前程。

善于和领导交流的下属，无疑是令人刮目相看的，领导也会非常高兴自己有这样的好下属。可以说，会说话就等于把事情办好了一半，给领导的印象自然不会差，到了需要提拔人员的时候，领导很可能第一个想到的就是善于沟通的“你”。在很多公司，特别是一些刚刚走上正轨或者有很多分支机构的公司里，领导要物色一些管理人员时，他选择的肯定是那些有潜在能力，且懂得与自己沟通的人，而绝不是那种只知一味勤奋，却怕事又不主动的下属。如果一个下属希望在工作中掌握自己的前途，就必须争取主动，重视与领导的沟通。

小红在一家公司任职，平时不显山、不露水，只是她时常去和一位领导聊天。这位领导虽不直接领导小红，但他是公司董事局的成员，他的意见可以直接影响到每一位下属的去留。因此，小红一直稳稳当当地做着一份工作。这份工作的唯一缺点就是不太能显出小红的精明，并且让别人在背后说些她与那位领导的“小道消息”。

后来，那位领导因为个人原因离开了公司，有些人便认为小红这下没人“疼”了。其实不是那么回事，新领导上任三个月，便对小红青睐有加，大会、小会一通地表扬。小红是聪明人，自从受到第一次表扬后，她总是能在楼道里、饭厅里适时地与领导“巧遇”，看似有一搭无一搭地说些工作上的想法什么的。小红工作上的成绩确实也是有目共睹的，当然是不是就真的到了领导表扬的那么杰出的程度，不好说，反正小红不仅得到了公司年度的最高奖励，并且领导有意让她升为中层领导。

但小红没答应，结果一年后，这任领导又走了。新的领导走马上任了，征求了一些人的意见，小红就升为部门主管。这第三任领导跟前两任一样，见了小红就忍不住地高兴。

让所有的领导都喜欢，这是“智慧”。谁都知道小红业务是不错，但不错的不止是她一个人，为什么领导偏偏信任她呢？

答案就在于小红是个善于和领导进行沟通的人。但是，沟通有两个原则：

（1）学会了解别人

了解是你和领导沟通并契合的重要方式。如果你不了解领导的个性、脾气、爱好、兴趣及惯用的言行，你就很难与领导沟通，有时难免弄巧成拙。应站在领导的角度思考问题，尽量避免一些冲突。跟领导沟通时，态度要诚恳、谦虚、目光要自信，说话要委婉。掌握了对方的心理特征，达到意见的和谐统一，有利于创造一种双赢的局面。

（2）适当表达自己

能让领导更了解你，因此更愿意与你合作，再用你的思想和言行去影响他，沟通就迎刃而解了。中国古代有个叫毛遂的人，是赵国平原君的门客，他的胆量与过人的智慧，还有雄辩的口才，刚开始没人发现，平原君也没注意他的才华，他只不过是个普普通通的人，然而由于他“毛遂自荐”，以三寸之舌征服了邻国，故称“三寸不烂之舌，强于百万雄师”。这就是他善于表达自己的思想、展现自己的光芒，从而受到平原君的重用。

你要想成就大业，就必须有良好的沟通协调能力。你应该积极妥善地协调好你与领导和同事之间的工作关系，努力创造一种和谐友善的工作环境；同时，沟通协调能力也是可以培养的，它可以助你在事业之海乘风破浪，安然前行，无往而不胜。

领导一般都很赏识聪明、机灵、有头脑、有创造性的下属，这样的人往往能出色地完成任务，并能带动别人一起努力做好本职工作，以赢得领导的满意和奖赏。

理解、沟通、协调，是企业发展过程中，在领导和下属之间构建双赢的桥梁。如果你想拥有不平凡的人生，就必须具备这种能力，它会使你的人生从此与众不同!

第九章

领导有方，宽严相济彰显女王风采

女人天生就是领导者，善于组织和领导，女人的天性，加上后天的修炼，女人便成了具有经天纬地之才的卓越领导者。

1. 当好漂亮的女领导

当领导难，当个好的女领导更难，现代社会不但要求领导者具有丰富的专业知识、高超的管理艺术，还要有良好的气质修养，更要有得体的仪容仪表。

社会心理学有这样一项试验：在对两组被试者分别加以修饰之后，使其中一组看起来风度翩翩，另一组则显得随便、邋遢，并令其分别在走路时违反交通规则。其结果是：第一组闯红灯时，尾随者占行人总数的14%，而第二组的追随者只占4%。这说明，人的服饰、穿着具有很强的感召力。

以仪表取人固不可取，但美的风度有利于提高领导者的威望却不可怀疑。领导者的威望来自他崇高的理想、高尚的情操、博大的胸怀、坚强的意志和卓越的领导才能，而这些内在素质一旦通过某些外在形式（如仪表形象）反映出来，便成为某些领导者特有的风度而具有了相对独立的意义。由此可见，领导者应该把仪表美作为完善自身的重要目标之一。

女人天生就是领导者，善于组织和领导，是女人的天性，加上后天的修炼，女人便具有了经天纬地之才。做到了以下15点，你就算得上一个好领导了。

（1）对误会要及时“校正”

职业女性尤其女主管，免不了会有许多工作上的应酬，如与一名男士单独吃饭、跳舞什么的。在某些时候，尤其在晚饭时间，常会被人误认为是夫妻或情人。礼节上应由男士作解释，但男人通常不会即时作出反应，而是“不怀好意”地听之任之。遇到这种情况便自己解释好了。

（2）不要过分迁就

对于年轻漂亮的女上司，一些男下属常不愿服从管理，作为女主管，你对他用软功，苦口婆心，他会看扁你，因此，对待这类男性下属，没有必要处处谦让，而应拿出上级的权威，让他感到你不是吃素的。当然，若能恩威并举是最有效的，只不过这种恩要建立在威的基础上，对女性来说更应如此。

（3）树立独特的形象

在一般人的观念中，女性主管给人的印象是胆量不够，眼光短浅，依赖性强。你既然已经做了主管，就要好好地经营它，因为你的工作就是管理，所以一定要在下属面前树立起干练果敢的强者形象。

（4）培养自己的独立性

作为女人，在私下交往中，得到男人的关心呵护是完全可以理解的，但在职场上，作为主管的你，在心理上千万不要依仗男人，男人口头上也许承诺如何如何帮你，在实际工作中，你只能靠自己打天下。

（5）公私分明

照章办事，公私分明，这是工作的基本常识。但要在工作上严格照章办事却并不容易。通常，有些人便会钻人情空子，不按常规办事，男人做这些勾当，往往会设下爱情或友情陷阱，诱骗女主管往里钻。当迷迷糊糊尚不清醒时，女性就在不知不觉中做了男人的工具。故女性有了办公室友情或恋情时，遇到涉及公事的事，一定理智对待，不可感情用事。

（6）别伤害男人的自尊心

男人是自尊心极强的动物。男人总是自信天下第一、无所不知、无所不能。这种自尊心实际非常脆弱，一遇到女人威胁，便会产生抗拒的心理。所以你作为主管，就必须懂得在适当的时候维护一下他们的自尊，并夸奖他们一两句。

（7）让男人也“政协”一下

征求男人的意见也是一种赞赏。因为这表示你重视他的见解和经验，令他觉得他存在的重要性。但你在征求意见时，不要让他觉得你事无大小都要过问一番，这样会令他觉得你根本没有判断力，不配做领导。

（8）反应要敏锐

作为一个出色的女主管，要想和下属建立一种良好的工作关系，一定要会察言观色，针对不同的情况采取不同的办事方式。你的上司在早晨心情特别好，便和他商讨解决困难或提出升级的要求；你的下属情绪低落，你要善于“解扣”，为他“打气”。

（9）营造好的办公空间

办公室是自己可以控制的地方。你的办公室不单代表你的职位和身份，更反映了你个人的风格气质。应适当地把你的房间重新布置一下，或花钱购买一些装饰品。这样不但可以创造一个理想的工作环境，有时还能无形中增加你的威势。

比如放一两盆花卉。但切忌把房间布置得太花哨，像女性的闺房。

不要挂海报，因为看上去好像大学生宿舍。如要挂画，应选择高雅的版画或油画，而不要挂风景画。同时，要尽量减少把家人的照片放在房间四周或书架上。

（10）提防“小心眼儿”

在公司竞争中，有的人会不择手段地拆你的台，一个能干的女主管也不能幸免，一种最常用的手段就是下属有意向你泄露假消息或报供假情报，令你在紧要关头措手不及。作为领导，“害人之心不可有”，但是，“防人之心不可无”。林子大了，什么鸟都有，既有花喜鹊，也有乌鸦。

（11）你的眼泪是金子

女性很容易用哭来宣泄自己紧张郁闷的情绪。但在一个工作的环境里，这种女性化的情绪表现却是要不得的。虽然这一哭，可能会立刻得到同情，但从长远的眼光来看，不但有损你的威严，也对你的事业形象有害。在有些情况下，男人能接受某些女人的眼泪，但对一位主管却不同。他们鄙视动不动就哭的女主管，并以此断定该人不能做大事。作为主管，应把眼泪当成金子，千万珍惜。

（12）大度

女人做事很容易主观化，别人一批评，容易不经考虑就立刻反唇相讥，而令人觉得其不能接受建设性的批评。所以，作为女主管，有必要不断提高自己客观的分析判断力，虚心诚恳地接受批评。否则，你的下属和上司难以和你沟通，不能和气地倾谈，这对你是不利的。最好的方法是平心静气地听他人说完，分析之后，有则改之，无则加勉。大度，对女主管是异常重要的。

（13）布置工作

女性一得到提升，便觉得自己更应努力，很容易事无巨细都亲自接手而变得心力交瘁，精神不振。同时，如果事无巨细你统统包办代替，下属也会因此而事事依赖你，难以发挥他们的主观能动性。要改变这种被动状况，你必须学一些领导能力，不要身为主管仍做从前一般职员所做的工作，而应学习做领导，指导别人，从一个新的角度去展开工作。

（14）多与主管交往

若想保持女主管的形象，并要别人承认你这个地位，你应该与自己同级或更高职位的朋友来往，这并不是势利眼而是现实情况。通过和同级或更高一级的领导接触，更有助于了解整体规划构想，对全局有一个更深入更明晰的认识，便于自己圈内工作的顺利开展。

（15）批评与警告

作为一个女主管，当面临男性下属没做好工作而需要批评时，往往会觉得难以启齿，担心伤害男人的自尊心。但为了大局，你还是应该不顾情面，该批评的批评。在批评之前，最好先赞赏几句，然后再具体地提出建设性的批评意见，并提供改进的方法。批评人时要讲究方法，最好在单独情况下，面对面地中肯提出。

当好领导不是一两天能做到的事，只要不断努力去完善自己、补充自己，相信，总有一天你会成为一名优秀的女领导。

2. 做个有向心力的女领导

“得人心者得天下”，作为女领导，一副冷冰冰的面孔倒不如和言悦色更令人鼓劲。把下属聚成一团，你就多一分胜算。

如果你作为女主管能够赢得员工的心，就不必担心如何激发他们的生产和工作热情。领导者赢得了人心，员工们的激情就会自觉产生，他们也就能体会到挑战的兴奋、竞争的刺激和成功的喜悦。心理学家认为“你不必管理自觉的人，如果他们的心投入了，做任何工作都会有动力”。

员工能否全身心地投入工作，是企业能否成功的关键之一。一个女主管若能牢牢抓住员工的心，也就抓住了一群活生生的人。否则，再好的企业都可能失败。

女性领导抓住员工的心可以从以下两方面努力：

（1）兼顾工作和家庭

家庭是社会的细胞，稳定家庭对工作有很大的促进作用。如何在工作和家庭两者之间求得合理的平衡呢？当今市场充满竞争和压力，企业领导要求员工付出更多的时间和精力，这种压力不仅在基层存在，也存在于中层干部和高层领导中。一份调查报告显示："有90%的高层领导将工作带回家去做，他们却呼吁要更好地注意兼顾员工们的工作和家庭"，否则，"企业有可能失去一些人才"。要想赢得员工们的心，必须采取积极的办法兼顾工作和家庭。高效能生活的最主要的因素是平衡，平衡工作做得愈好，效能、热诚和创造力也就愈大。让家庭和睦、和美，让每个下属有一个坚强结实的大后方，有利于工作更好地完成。

（2）给员工一个好心情

如果公司枯燥乏味，暮气沉沉，且公司成员之间互不关心，经理们怎么能使员工热爱他们的企业呢？如果一个公司不能激发快乐气氛和振奋精神，又怎么能使员工全心全意地工作呢？聪明的女主管一定要在"心情工程"上下一番功夫，让自己的下属满怀兴奋喜悦地工作。为了吸引和留住那些最好的职工并激发他们的工作热情，一定要在工作场所营造一种振奋精神和令人愉快的氛围。

3. 让下属老实的妙招儿

女领导常常会遇到特别令人讨厌的男人，这时，你可以毫不留情地进行还击，不必有所顾虑。只要有一次叫他下不了台，他就老实了。

女性在领导工作中，常会遇到一些颇为伤脑筋的问题，下面便是常见的几大问题。

（1）男上司刁难

在许多领域里，女人的能力已超过男人，但男人当权的现象仍十分显著，因而女人与男性上级的相处艺术便十分重要。人格独立的女人特别希望遇到既自爱又善于用人的男上司，但“顺我者昌，逆我者亡”的差劲上司不仅存在而且还很多，这也成为一种摆在职业女性面前的现实。

能不能找到一种既保持人格又保住饭碗的方法呢？

①给上司一点面子。凡是当领导的都是要面子的，尽量尊重他，把他当领导看，这可避免不必要的灾难。最好是常能保持微笑，见面问声好，适当的恭维也是有用的。身在屋檐下，有时也要低一下头。

②以诚相待，不卑不亢。不论上司品德如何，都应以诚相待。以一种高姿态与他相处，即使瞧不起他也不要放在脸上，记住：不卑不亢是你对待上司的最好态度。

③虚心请教，做好下级。下级应该学会服从上级，“领导怎么说就怎么干”其实是一种处世方法，虽然不是最好的方法，但起码不至于影响自己的生存。再说，任何人都是有长处的，多向上司请教吧，既然他是你的上司，就一定有做你上司的道理。

④无愧于己，无负于人。做到这点很不容易，但努力去做，是会收到成效的。当你的所作所为都经得起检验时，上司会觉得你这人无懈可击，他又敢把你怎么样？让优良的业绩替你说话比什么都重要。

（2）黄色玩笑

对于年轻漂亮的女主管，男下属常爱嬉皮笑脸地说黄话，怎么办？

对此有几种应对办法：

①装傻。他们说他们的，你不理睬，但脸上可以带点宽容的微笑，不必板着脸，这一方面可以体现你的修养，另一方面可以表示丝毫不接受暗示。

②愠怒。在他们说的过程中，温和地骂上几句，或者说“不要脸”，或者说“不像话”，总之不要真发火。男人说黄话是很普遍的，这大约也是性别的特点，你应该理解。

③还击。遇到得寸进尺特别令人讨厌的男人，可以毫不留情进行还击，不必有所顾虑。正如一些女人所说，只要有一次叫他下不了台，他就老实了。对那些屡教不改的，可以在办公室的墙上贴张“文明守则”，让大家来共同监督。

4. 正视自己的弱点

发挥女性感情丰富、细腻的优点，克服感情脆弱的缺点；处理好家庭与事业的矛盾冲突，保持心理平衡；女性领导应当自尊、自信、自主、自强。

女性管理者前进的道路上充满了重重困难，她们成功的背后是种种艰辛。女性管理者是伟大的。由于女性特殊的自然属性和社会属性，决定了女性管理者必须面临着家庭、事业这两种关系的冲突，会使她们时不时地出现各种困惑，在尽两方面责任的过程中，常常为不能像男性那样无后顾之忧地工作而感到很烦恼。这使得女性陷入家庭与事业的困惑之中，从而影响家庭与企业的管理工作，女性管理者要勇于摆脱、超越这一困惑，尽量协调好两个方面。

人际关系处理协调与否，时常会影响女性管理者的工作情绪和精神状态。一些女性管理者对人际关系的心理承受能力较差，她们特别关心别人对自己的评价和态度，一旦人际关系紧张，她们就有可能感到紧张，失去了冷静分析问题的能力，陷入事业成功与人际关系的内心冲突之中，进而影响到领导的情绪和精神状态。

美国心理学家汉瑞特·布莉卡说："女性对成功的解释和男性迥然不同，男性常把成功归于自己的能力强，失败则是任务太艰巨；女性则通常把成功归于自己的运气好，失败则归罪于自己的能力不足。男、女性分别以这种方式解释自己的成功，也同样看待别人的成功。这种对待自我能力的曲解，必然助长女性的自卑感，阻碍女性管理者的成功。"

作为女主管，一定要超越困惑，正确认识自身的弱点，在实践中扬长避短。

（1）发挥女性感情丰富、细腻的优点，克服感情脆弱的缺点。由于女性具有温柔、机敏、热情、善解人意的特点，使她们更容易体察到下属的各种心情和变化，能够关心、体贴下属。善于听取下属意见，专制主义思想少，蛮横、暴躁的情绪也少，这是许多男性不具备的优点。但是女性的感情一般较男性脆弱，在困难和挫折面前容易退却、沉沦，这就需要培养自己具备坚强的意志和顽强的毅力，在逆境和荆棘面前不被折服，充分发挥自己的优势。

（2）处理好家庭与事业的矛盾冲突，保持心理平衡。这就要求女性管理者一方面以积极的热情投身工作，提高工作的效率，掌握科学的领导方法和艺术，减轻自己的工作压力，腾出时间兼顾家庭；另一方面，也要不断提高自己承受和排解矛盾、压力的能力，分析两者产生冲突的原因，控制自己的情绪，使家庭与事业的矛盾冲突减小到最低程度。

（3）女性领导应当自尊、自信、自主、自强。女性自身的特殊的社会属性和自然属性，决定了从事管理工作要付出比男性更高的代价，但是单纯求得社会理解、支持是不够的，同时需要女性自身认识自我，达到自信、自强、扬长避短，要有责任感、紧迫感、危机感，发挥自己责任心强、认真细致、勤奋努力、谦虚谨慎、善解人意、擅长交往的长处，以献身、求实、创新、协作的精神，丢掉依赖软弱的历史包袱，把自己造就成具有敏锐的观察思维能力，较强的吸收能力，较好的组织领导、运筹决策能力，较广泛社交能力的新型女领导。

5. 成功女性的领导术

无论你如何能干，一定会有人妒忌你，尤其是那些年纪比你大、资历比你深的人，更会以为做主管的应该是他而不是你！许多公司的经营决策阶层对于提升一个女性主管，要比提拔一位男性更小心谨慎，原因是一位女性主管要面对的属下负面情绪远比男性大得多。很多男人对于受到同性管理觉得理所当然，但是对受制于女性主管却非常敏感；而女性下属对于同性主管的态度，又很少有人是诚心诚意的。因此，假如你是女主管，你会发觉很少有人肯心甘情愿为你工作……这时你在管理时所采用的方式将会对你的管理效率产生极大的影响。

首先，让我们做一个测试。新员工的表现不尽如人意，你已经决定解雇他，你的做法会是以下四种中的哪一种？

①叫助手告诉他已被解雇；

②叫他进办公室，然后直接把他辞退；

③ 以温和的语气和外交辞令向他解释，他实在不适合在公司工作；

④把他解雇，然后对其他下属安抚，叫他们安心工作。

这分别代表了四种不同的领导风格：

（1）“被动的领导风格”

你逃避面前困难。虽然这种作风并非完全没有效，但如果要成功地采用这种领导方式，你的助手必须十分地精明干练。

（2）“独裁的领导风格”

你不能忍受别人犯错，一经指示便希望别人一丝不苟地把工作做到最好。这是一个传统的管理方法，但是在讲究人性化管理的今天已较少有人沿用，因为这类主管较少受人爱戴。

（3）“民主式的领导风格”

你和属下之间相当友善，每次要使用权力时便踌躇不前，虽然能顾及下属的自尊和士气，人人工作愉快，但是你部门的工作效率肯定不是全公司最高的。

（4）“队长风格”

一方面你懂得在适当时刻运用权力，尽量和下属保持合作；一方面又能提高士气，极尽怀柔，令每位下属都觉得自己是队伍中的一分子。

第四种风格——队长风格，就是今天在科学管理方式上公认的最理想的领导者风范。

第十章 美人心计，正确处理办公室政治

办公室关系是否融洽直接关系到大家的工作状态和工作效率。如果办公室关系融洽，就既能让大家有良好舒心的工作环境，又能让大家在工作闲暇之余调剂紧张枯燥的工作状态，可以极好地促进大家的工作。

所以，保持良好的办公室人际关系是很重要的。

1. 遵守办公室行为准则

办公室有时就是一个小社会，人多嘴杂。面对各种利益冲突，你必须找准角色定位，既不能孤芳自赏，又不能表现过度。新进一个单位，人地生疏，特别是在一个各类人员云集、良莠一时难辨的办公室内，如何迅速赢得大多数人的好感，尽快融入其中，营造良好的人际关系呢？首先你要特别注意办公室里的一些无形禁忌：

（1）切忌拉小圈子，互散小道消息

办公室内切忌私自拉帮结派，形成小圈子，这样容易引发圈外人的对立情绪。跟每一位同事保持友好的关系，尽量不要成为某个圈子的人，这样才不会缩窄你的人际网络。更不应该在圈内圈外散布小道消息，充当消息灵通人士，这样永远不会得到他人的真心对待，只会对你避之唯恐不及。尽可能跟不同的人打交道，避免牵扯进办公室政治或斗争，不搬弄是非，这样才能获取别人的信任和好感。

（2）忌情绪不佳，牢骚满腹

工作时应该保持高昂的情绪状态，即使遇到挫折、饱受委屈、得不到领导的信任，也不要牢骚满腹、怨气冲天。这样做的结果只会适得其反。要么招人嫌，要么被人瞧不起。

（3）不超负荷工作

随着现代社会的发展，竞争愈来愈烈，现代白领女性的工作节奏日趋紧张，精神上容易产生巨大压力，精神上和身体上的超负荷状态对健康是非常不利的。如果不注意休息和调节，中枢神经系统持续处于紧张状态会引起心理过激反应，久而久之导致交感神经兴奋增强，内分泌功能紊乱，产生各种身心疾病。所以，白领女性要注意缓解心理上的紧张状态，做到劳逸结合、张弛有度，合理安排工作、学习和生活，坚持体育锻炼。

（4）避免同事间的金钱往来

俗语说："如果你想破坏友谊，只要借钱给对方就行！"金钱借来借去一定会发生问题的。"詹姆斯先生，你能不能先借我1000元，我现在手边正好没钱！"假如你像这样连续三次找人借钱，就算你手边真的没有带钱，别人恐怕也不敢借给你了！遇到大家一起分摊费用时也是一样的，如果你还是连续三次说："今天我没带钱来！"大家一定不会再相信你了。假如你已是出了名的"对金钱不负责"，可能因此立即将友谊破坏，甚至连信用也会被伤害了。

（5）饮茶不要过浓

多数白领女性有饮茶的习惯，茶可消除疲劳、醒脑提神，提高工作效率。饮茶好处固然不少，但茶碱太多也有坏处，茶是一种有效的胃酸分泌剂，而长期胃酸过多是胃溃疡的一个重要致病因素，所以，应适量饮茶，特别是较浓的茶，或在茶中加入少量牛奶、糖，以减少胃酸的分泌，保持胃黏膜免受或减轻胃酸的刺激。

（6）不要眯着眼看客人

曾经有人到一大公司访问后，传出一个笑话来："那家公司的女职员，老是用眯眯眼看客人，给人的印象很不好！"这家公司的老板听到传闻后，就很注意那位女职员的情形。原来她是近视眼，又不戴眼镜，只好用眯眯眼看人了。由于看不见，所以她常要眯起眼睛把事物看清楚，这么做不但对她的眼睛不好，而且也得不到别人的好评。如果真有这种职员在公司内，老板应该给她一些纠正。

事实上，本人都不太知道自己是眯着眼看人的，可是被看的人，却认为她这种眼光就像在怀疑别人一样，所以常常会引起不快！因此奉劝近视眼的人不要嫌麻烦，赶快去配一副隐形眼镜，如此一来，非但可以增进工作效率，也可以减少一些不必要的误会！

（7）不要抽烟解闷

目前，很多女性以抽烟为时髦，其实抽烟有百害而无一利，烟草对女性健康的危害尤为严重。据统计，吸烟女性心脏病发病率比正常人高出10倍，使绝经期提前1—3年，孕妇吸烟所产生畸形儿是不吸烟者的2.5倍，青年女性吸烟会抑制面部血液循环，加速容颜衰老。

（8）不要对来客有差别待遇

有些女职员把客人区分为该亲切的和不用亲切的，而且表现得很露骨，使得周围的人也觉得奇怪而关注着这件事。假如是故意这么做的，我们还可暂且不论它，但是有些人则是无意中流露出这种态度的，因此必须充分地加以注意才行。如果平时不注意这种情况，则对来客虽然表面上做得非常客气，但是常会在不留意的谈话中得罪客人，而自己却仍不自知，尤其是女性往往在说话及态度上表现自己的想法。说得好听一点儿，这样的人是正直而可爱的。但是作为公司的一分子来说，如果有这种态度就不太好了。学生时代，或许你可以用这种态度来交朋友，不过，现在已经身为公司的职员，就不可以再如此任性了。

不论知道或不知道来客的身份，凡是来公司的客人对公司来说都是重要的。如果女职员们很明显地怠慢客人，也会使客人吃不消的。所以，女职员应该有一个正确的观念，那就是公司内接待客人是以女职员的身份来应对的，并不是以女职员个人身份来接待他的！

（9）不可借酒消愁

职业女性在工作中不可能都一帆风顺，总会遇到一些挫折和打击，有些人往往借酒消愁，或者把喝酒当成现代生活方式中的一种时髦行为。其时，借酒消愁愁更愁。只顾闷头苦饮的结果使大量酒精进入人体，首先是神经系统受损，失去自制力。更为重要的一点是，青年女性醉后极易遭到性骚扰，这是很危险的。

（10）不要浓妆艳抹

白领女性由于工作需要，对自己进行适当的化妆是必要的，但切忌浓妆艳抹。因为目前市场上出售的化妆品无论多高档，还是化学成分居多，含汞、铅及大量的防腐剂，虽然能暂时遮住色斑，但却治标不治本。不少女性把美容希望寄托于层出不穷的化妆品上，却忽略了自身的健康。

化学品会严重刺激皮肤，粉状颗粒物容易堵塞毛孔，阻滞皮肤的呼吸功能。而且职业女性打扮过分，轻则与身份失去协调，重则破坏自身形象以致直接影响工作。

2. 与同事保持心理上的安全距离

有句话说得好，距离产生美。不要认为人与人之间的距离越近关系就越深。作为女性，在办公室里与同事相处，太远了当然不好，人家会认为你不合群、孤僻、不易交往；太近了也不好，容易让别人说闲话，而且也容易令上司误解，认定你是在搞小圈子。所以说，若即若离的同事关系，才是最难得和最理想的。

虽有人谓“好朋友最好不要在工作上合作”，但大家都是在外面求发展，聚在一起工作并不奇怪。如果某天，公司来了一位新同事，他不是别人，正是你的好友，而且，他将会成为你的搭档。上司将他交托与你，你首先要做的便是向他介绍公司的架构、分工和其他制度。如果在接待他时你战战兢兢，未免太敏感了；不如放轻松点，就当他是普通的同事吧。

总之，大前提是要做到公私分明。记着，在公司里他是你的搭档，你俩必须忠诚合作，才可以创造良好的工作效果。假如他是新人，许多地方是需要你提示的，这时你就是扮演老师的角色，当然不能颐指气使，更不应倚老卖老引他人反感。

私底下，你俩十分了解对方，也很关心对方，但这些表现最好在下班后再表达吧！跟往常一样，你俩可以一起去逛街、闲谈、买东西、打球，完全没有分别，只是奉劝你一句，闲暇时以少提公事为妙，难道你一天工作八小时还不够吗？

同时，矛盾是在交往中形成的，只有互不往来的人才有可能没有矛盾。事实上，如果你与同事相处越密切，可能越容易出现意见不合的情况，那么就越有可能产生矛盾。与同事过度亲近会碰到很多烦琐的生活小节，而自己总会有做得不够圆满的地方，要知道对于一个人的优点别人也许不会太过留意，但是对于别人的缺点却印象深刻。因而你一旦有做得不够完美的地方，只会容易让你的同事厌倦。另外，每一个人都不是圣人，都有弱点、有能力不足的时候，在你与同事频繁的接触中，你性格上的弱点和能力的不足也被同事早就摸透了。对同事来说，你就像一张透明的底片，一览无余地暴露在他的眼皮之下。

现在的许多公司都有欢迎新同事和欢送旧同事的习惯，身在其间的你，应否热烈支持这些行动？

欢迎会目的是联络感情，欢送会则表示合作愉快或感谢过去的帮忙。所以，前者你不必一定出席，除非你的工作岗位是公关或人事部。至于后者就比较复杂，你得认真衡量一下。如果是毫无交情的，可以不必参加聚会，但送一张慰问卡是必要的，那是礼貌，也表示对人的关心，何况他日你们或许还有机会共事。要是常常接触的，但交情普通，则在公在私也该出席聚会，显示你确实欣赏和不舍得对方，分手时，最好表示你的祝福。若对方是你的助手或更亲密的搭档，最理想的是既参加大伙儿的聚会，又私下请对方吃一顿午饭，或是送一点儿纪念品，以表示你的感谢和友情。

假如你平时一直都努力不懈地忠于工作，在短短的几年间，步步高升，事业可说是一帆风顺。有几位跟你一同起步的同事，限于能力和机遇，至今仍保持多年前的原状。在大家相处之时，你总觉得不太自然，甚至有战战兢兢之感。

当你提升后，昔日同事却在原地踏步走，这时如果处理不好与他们的关系，工作中就可能出现不合作的事情。所以，作为提升者的你，尤其要注意这种特殊时期的“上下级”关系。

（1）不能摆任何架子

提升前毕竟曾与同事们一起玩、一起就餐、一起谈天说地，所以提升后不能显出高人一等的样子，在工作中尽量用商议的口气，如“你看，这样办是不是更好”，生活中尽可能嘘寒问暖。这样做同事们不但不会因此“小看”你，而且，还会产生佩服之情，心甘情愿地让你领导。只有这样，你的工作才能在他们的支持下顺利进展。

（2）不搞暗箱操作

当与同事们意见不一致、不能达成共识时，也要摒弃那种背后“嘀咕”的不明智的做法，可以把引起争议的敏感问题巧妙地让大家讨论，看看同事的结论与自己的意见究竟不同在哪个环节上，让同事们产生“大家参与、备受重视”的感觉，再努力诱导同事们去进行自己决定的事情。

（3）荣誉要让同事，过失自己来扛

工作中一旦有了成绩，要懂得利益共享的原则。虽然上级领导会把功劳归结到你“领导有方”上面，但真正实干苦干的则是下属人员。所以，在分配奖金、住房、提薪等问题上，要与对工作的贡献相挂钩，让你的部下感到乐意在你这儿“当兵”。但当工作有了问题时，做领导的就应该主动担当。这样，同事们的积极性才能被充分调动起来，才不会产生对你的“不满”。见荣誉让、见问题上，你自然就会得到昔日同事们的拥戴和赞扬。

总之，只有和同事们保持合适距离，才能成为一个真正受欢迎的人。你应当学会体谅别人。不论职位高低，每个人都有自己的工作范围和责任，所以在权力上，切莫喧宾夺主。不过记着永远不说“这不是我分内事”这类的话，过于泾渭分明只会搞坏同事间的关系。在筹备一个任务前，应谦虚地问领导“我们希望得到些什么？”“要任务顺利完成，我们应该在现有条件下做些什么？”

还有就是永远不要在背后说人长短。比较小气和好奇心重的人聚在一起就难免说东家长西家短。成熟的你切忌加入他们一伙，偶尔批评或调笑一些公司以外的人，如艺人等，倒是无伤大雅，但对同事的弱点或私事，保持缄默才是聪明的做法。记住，搞小圈子有害无益。公私分明亦是重要的一点。同事众多，总有一两个跟你特别投机，私底下成了好朋友也说不定。但无论你职位比他高还是低，都不能因为要好这原因，而作出偏袒或恃势行为。一个公私不分的人是做不了大事的，更何况无论是谁都不会喜欢这类人，因为他们不值得去信赖。

人之所以能够从世间的万事万物中感受到和谐之美，全在于他与别人之间保持适当的距离，而与同事交往更应注意保持心理上的安全距离。

3. 同事之间人人平等

办公室里的人际关系主要是通过工作建立起来的，指工作上的人际关系。你、我、他都是一种平等的工作关系。在职场上，同事之间更应该具备一种平等意识。彼此间的基本关系既然不过是平等的工作关系、共事关系，因而从根本上就没有谁高谁低的道理。这种平等意识与能力大小、业绩好坏没关系。你的同事在工作上无论比你干得好多少或差多少，作为人，他与你依然是平等的，事实上，连上下级都是平等的，何况同事呢？处理同事关系的最基本的出发点就是平等地对待每一个人。

在现实中，也许会由于自身的能力和机遇，有的同事获得领导的青睐，而有的同事则默默无闻。在与同事相处的时候，不要因为某些同事的暂时得势而阿谀奉承，也不要因为同事受到排挤而随之冷落。平等相待不仅仅是做人的一种标准，也是对自己与同事的相处设下一些铺垫。

一位职员热情地邀请了自己的顶头上司到家里做客，庆祝自己乔迁之喜。她的几位同事和朋友也早就说过一定要去她家好好闹一闹的，于是，她顺便也叫上了几位同事。

入席，女主人把上司推上了最尊贵的位置，也是最好的位置，靠近空调，椅子也很舒适。

“你们几个不要客气，随便坐，我就不和你们客气了……”女主人开始张罗着给上司倒酒，同事们不声不响地落座了。

女主人把酒菜摆满了整个桌子，不停地向上司介绍菜名和特色。吃到一半，女主人又陆续把一盘盘热气蒸腾的菜肴端上来。她把上司面前半空的菜盘堆码在同事面前，把热菜放在上司面前。

接着，女主人又起身向上司敬酒，说些感谢关心、谢谢培养之类的话。

几位同事根本就没有机会向主人表示自己的祝福，也没有机会和上司说话。酒过三巡，似乎女主人眼里只有上司一个人，其他人都是不存在的。同事一个个难忍心中的不满，宴席还没有结束，就纷纷以“对不起，我还有事”为由陆续告辞了。

这样的待客方式当然令人生厌，让人感到主人的俗不可耐和势利。不然，为什么唯独对上司态度如此热诚谦恭、服务如此周到，对一般来客又那样平淡和随便呢？这种家宴不仅不能增进主客之间的友谊和深入了解，相反还会在人与人之间造成种种人为隔阂。那些愤然离席的客人，实际上就是用无声的语言表示对主人的不满。

更多的时候，你面对的不是一个人而是一群人，你要处理的不是简单的“我和你”的关系。在这个许多人事掺杂其中的多角关系中，要真正做到不偏不倚、一视同仁，才不至于得罪他人。

“二人向隅，举座不饮”，这是古话，但是描述的情形在现实生活中却常常出现。这种现象往往是因为有人招呼不周、厚此薄彼，“对上谄，对下渎”，在有意无意间将一大群平等的人分划了等级。

在办公室里无论是什么样的同事，你都应平等对待，互学互助，建立起和谐的工作关系。

那些比你先来的同事，相对来说会比你积累了更多的经验，有机会不妨聆听他们的见解，从他的成败得失里寻找可以借鉴的地方，这样不仅可以帮助你少走弯路，更会让他们感到你对他们的尊重。尤其是对那些资历比你长，但其他方面比你弱一些的同事，更要以诚相待。有些人能力强，可在单位里，自视甚高，不买那些老同事的账，弄得老同事很反感，结果关键时候会因此受挫，这不能不引起你的重视。

新的同事对手头的工作还不熟悉，当然很想得到大家的指点，但是心有怯意，不好意思向人请教，这时，你最好主动去关心帮助他们。在他们需要得到帮助之时，伸出援助之手，往往会让他们铭记终生，打心眼里深深地感激你，并且会在今后的工作中更主动地配合和帮助你，切不可自以为是，把新同事不放在眼里，在工作中不尊重他们的意见，甚至叱责，这些态度都会伤害对方，也会降低你在别人眼中的印象。

作为白领女性如果你能利用自己性别上的优势去帮助异性同事，更能得到他们的好感。不能否认，两性各有各的长处，比如男性较有主意，更能承受艰苦劳累的工作，也能更理性地分析并解决问题等；而女性则显得比较有耐心，做事细心有条理，善于安慰人等。尽管只是同事，并不是在家里，但每个人也渴望得到同事们的关心和理解，若能善于发挥自己的长处，对异性同事多些关心和帮助，男性多为女同事分担一些她们觉得较为吃力的差事，女性多做些需要细心的工作，多为办公室环境的优美做些事，这些对你来说并不难，效果却很好，对方对你所给予的关心与支持会打心眼里感激，将你视为可以信赖的好同事。

其实，在同事之间，既然无论能力强弱均是平等的，相互之间的帮助就不需要什么感恩戴德，仅仅是权利和义务的交换而已。总是给人当下手，使人觉得你没有主见，没有自己的思维，其才能再高也让人感觉不出来。习惯于当下手的人是很难管理好人的，更谈不上开展工作了。

一味地顺从，一旦表现出自己不顺从、有主见的一面，同事就会认为你不听话了，翅膀硬了，感到别扭，也不利于你的前途的发展。

因此，在平时的工作中你一定表现出自己的独立性和主见，一视同仁，在平等中获得工作上的合作和认同。这样，大家才能认识你的能力，你才能够脱颖而出，才能更容易得到别人的认同。

在待人的问题上，不可谄媚讨好地位尊崇者，也不可歧视冷落地位较为卑下的人，只有这样别人才能感受到你的诚挚和热情。

4. 关系好，心情才好

人际交往对于每一个女性来说都是十分重要的。交往不仅是信息交流的渠道，同时也是沟通感情、发展个性和心理保健的重要手段。

对于职业相对稳定的女性来说，交往是她们社会生活中相当重要的组成部分。根据社会学家调查的数据可知，有近41．6%的女性认为自己的人际关系一般，9．8%的女性认为自己的人际关系不好。人际交往障碍所导致的心理压力会影响人们的整体情绪，并波及工作、学习与身心健康等方面。

2004年的一项调查报告显示：人际关系已经成为继工作压力之后的困扰人们的第二大心理疾患，超过了生活压力对人们的心理压迫。

人是社会的人，生活在社会中就必须与他人交往。这种在人们交往过程中发生、发展和建立起来的人与人之间心理上的关系，称为人际关系。

人际关系及其处理方式是多种多样的，其中影响较为直接的包括恋爱关系、婚姻关系、家庭关系等；作用较为强烈的常常表现为工作中的同事关系、上下级关系、个人与集体关系等；经常起作用而看起来其影响又不很明显的，则有个人欲求与社会意志之间的关系、个人私念与社会需求之间的关系、“小我”的利益与社会整体利益之间的关系等。然而，更重要的是，人际关系对人的心理健康会产生极大的作用。

张宁研究生毕业以后一直在某事业单位工作，凭着自己良好的专业素养和计算机操作水平，工作干得不错。可就是这样一位踏踏实实在一个单位干了十年的人，职位一直没有得到提升，与她同时甚至后进来的人都已经做到了部门经理，这使得她自己也无法理解，并为此感到痛苦和失望。那么，这究竟是什么原因呢？

据张宁的同事和领导反映，她似乎在人际交往方面有障碍，主要表现在两个方面：首先，可能由于性格比较内向又有点自卑倾向，她从来不主动与他人进行沟通，甚至每天早上上班见到同事时也很少打招呼，周围的人总觉得她这个人有点“怪”，跟别人“格格不入”，大家也只能敬而远之；其次，张宁有时还会为很小的一件事和别人吵架，比如有一次过节前，单位给每人分发了几斤海虾，可她觉得她的海虾比其他同事的小些，为此要办公室的领导重新调换几斤海虾，还把有关领导大骂一通。类似的事情还有几件，这在单位造成了不良影响，大家觉得她这个人过于计较。

人际交往方面的障碍不仅影响了张宁的工作和生活，而且还使她产生了焦虑不安、精神紧张等心理疾病。

心理学家指出，人际关系是一种重要的社会心理现象，有人称为“心理气氛”。一个女性如果善于与周围人保持良好的关系，经常与别人进行情感交流，就会感到心情舒畅，感到“安全”。不仅如此，这种女性的郁闷心理有条件得以宣泄，这又有助于人的心理健康。比如一个女童或少女，如果能得到家长的照顾、抚爱，并受到伙伴的喜欢，她们的心理发育就较为顺利，不易患身心疾病。反之，一个见了父母就战战兢兢、心神不宁的女孩，或者一个在同伴面前感到被冷落，或感到被人厌恶的女童或少女，其心理发育必然受到不良影响。

女性成年以后，尤其是参加工作后，社会的天地更为广阔，同事关系、上下级关系、亲友关系、邻居关系以及恋爱对象的关系、结婚后的夫妻关系、生育后子女关系等均接踵而来，此时，女性不仅需要靠和谐的长幼关系和融洽的朋友关系来维持自己的安全感与进取心，而且要把握好同事关系、上下级关系，在单位中找准自己的位置。

如果工作单位认为你是个可有可无的人，或是你与单位领导或同事间的关系较为紧张，就会使你处于一种莫名的不安状态中，感到无助或寡欢，并因此引起不愉快的情绪体验，如抑郁、孤立、忧伤和愤怒等，甚至会对生活产生失望心理。这些对女性的心理健康都是很不利的，严重的还会引起心理异常，导致精神病。

有位职业规划专家说，10%的成绩、30%的自我定位以及60%的关系网络才是成就理想的标准因素。人际关系是职业生涯中一个非常重要的课题，特别是对大公司企业的职业女性来说，良好的人际关系是舒心工作、安心生活的必要条件。

（1）与领导的关系

处理好与领导的关系，不但能博得上司的好感，受到他的赏识和帮助，而且有利于你自己做好工作，取得进步。

①敬业忠诚。领导用人不但要看个人能力，更看重个人的忠诚度。当你对公司表现出足够的忠诚，就能赢得上司的信赖。即使你的上司不珍惜你的忠心，也不要因此而产生抵触情绪。只要你竭尽所能，做到问心无愧，你就在不知不觉中提高了自己的能力，争取到了未来事业成功的砝码。

②恰当恭维。对上司的恭维要适度。你的恭维不管是当着上司的面，还是在上司的背后讲，都要找准确实需要增光添彩的“闪光点”，这样会起到很好的效果。

③拥护尊重。你必须拥护他、尊重他。如果下属能够对外宣传上司的优点，一旦“风声”传到了他的耳中，他就会更严格地要求自己，更加关心部下。

④不露锋芒。喜欢出风头是女人常犯的毛病，但无论你多么优秀也不能让你的光芒掩盖了上司。否则，容易引起上司的反感和戒备，最终不利于个人的职业发展。

（2）与同事的关系

同事之间关系融洽、和谐，就会使人感到心情愉快，有利于工作的顺利进行，从而促进事业的发展。

①团结互助。与同事之间建立互助合作的良好关系，要用心尽力地帮助他们。要知道，你偶尔的一句寒暄或关怀问候的话，也会令人受用不尽，并赢得同事的接纳与好感。

②不要发生争执。在与同事交流时，难免会因产生不同意见、观念或利害冲突等情事而争辩。这时，你要心平气和、理直气壮地阐述自己的观点，或者适时地退让一步，以消弭无谓的纷

争。不要让对方的自尊心受损而对你怀恨在心，即便你赢了，最后也是输。

③善于“示弱”。因为工作出色或者接了大业务被上司表扬提升，不要自视甚高，而要学会善于“示弱”，才能提升自己的职业魅力和职业影响力。否则肯定招人嫉妒，引来不必要的麻烦。

④不讨论私事。切记：不要把对工作中的意见或是私人生活上的事四处散播，或是添油加醋地在别人背后说三道四。一是因为办公室是工作场所，不是你排解情绪的垃圾桶；二是会影响你与同事间的友好与团结，甚至会毁坏你的形象。

⑤不要产生利益关系。同事之间可能会有相互借钱、借物或者馈赠礼品等物质上的一些往来，但切忌马虎，每一项都应记得清楚明白。

（3）与下属的关系

当你带领一个团队时，下属则是你的绩效伙伴。下属的成绩直接关系到你的成绩，下属干得好你才能干得好。

①不吝惜你的激励和赞美。金钱鼓励为主，赞美为辅。每一个人都有较强的自尊心和荣誉感，你对下属真诚的表扬与赞同，就是对他们价值的最好承认，能激发他们潜在的才能。

②关注下属的工作。“留住人才的上策是，尽力在公司里扶植他们。”你应定期与下属一道共同商讨他的职业生涯规划，讨论绩效改进和个人能力提升计划，真诚地指出下属存在的问题以及努力的方向，使下属不断进步，下属才会与你同行，与你共赢。

③不要在下属面前示弱。处在工作环境里的女性化的情绪表现是不能容忍的。虽然只是一哭，可能会立刻得到同情，但这只是一刹那的事，从长远的眼光来看，不但有损你的威严，也对事业形象有害。

5. 正确处理办公室恋情

有人说，“办公室恋情”不就是男女同事日久生情，进而恋爱甚至结婚那回事吗？事实上，非身历其境者很难想象，多数成功的办公室恋情，其过程之保密警觉、攻防有术及公布时的震撼效果，不亚于一次部署严谨的军事演习。

一般来说，办公室恋情在许多公司都不是很受欢迎。但是当办公室的恋情无可避免地必须发生时，你会如何适当地处理呢？首先，你必须了解公司如何看待办公室的恋情。大部分的公司倾向消极的阻止，但如果你们双方或有一人是公司不愿意损失的优秀人才时，公司会希望当事人能有专业自治的能力。

（1）恋情未成熟，对外不公开

处理办公室恋情，采取“阶段式”，即由隐秘到公开的方式，不论对恋情当事人还是公司，都是利多于弊。

因为恋爱本是私事，与工作无关。急急公开并不会使别人对你的工作能力另眼相看；反而造成许多相识、相熟的人每天盯着你们看，而同事不见得都怀好意，万一有些多嘴的人，不时讥讽打趣，一对好鸳鸯甚至可能被拆散。

而且，没成熟就公开的办公室恋情，对脸皮较薄的女方较不公平，万一不成功，男方还可不管风言风语，女方则肯定是受害者。

（2）工作高效率，恋情不遭嫉

“办公室是工作的严肃场所，不是恋爱的浪漫天堂”，办公室恋情当事人要谨记上述原则。尤其当你们的恋情被老板或主管知道后，他们会有两个“关切”的出发点：一是乐观其成，一是注意当事人会不会因恋爱影响工作效率。

这也是恋情太早公开的坏处，往往工作上的常态失误，易被上级或同事冤枉成“忙着谈恋爱才犯错”。

电脑公司业务员小康年终奖金减半，原因是最后一季销售业绩衰退。他无奈地说，其实老板也知道行业不景气，坏就坏在当时他公开猛追一位女同事，当老板问“自己检讨有没有认真工作”时，他只有沉默地认栽了。

（3）瓜熟蒂落时，检查两人心

办公室恋情成熟时，有时会发生女方不愿公开或男方仍不肯公开的情形。

女方的原因多半是虽然相爱，但未到论及婚嫁的地步，也就是在没决定“订婚”或“结婚”前，仍应秘而不宣。

男方对女友这种顾虑应该谅解，并耐心等她调适心理；而女方也应了解感情成熟后，男友希望向同事公开，是为表达“认定你”的心意。

男方不愿公开恋情的原因，大致有三种：

①男方实际上对这份感情并不认真，他心目中另有心仪女子；

②他谈这段恋情，出发点不是喜欢她，而是为了工作上的好处或业务上的便利；

③男方认为公开恋情，对他在公司的形象和升迁可能有不良影响。

因此，办公室恋情成熟时，双方对公不公开的态度，往往就是检视恋情问题或矛盾的试金石。如果一方勉强，应找出根由，解决后再说。

（4）恋情传千里，言行要严谨

不管是恋情早早曝光还是成熟后公开，男女主角在办公室的言行举止，最好比一般同事更端正、更常态，同事起哄时，尽量不动声色，礼貌应对一下也可。如果忍不住想悄悄打情骂俏，最好有把握不让同事听到或看到。因为，恋人的快乐可能是别人的肉麻。何况，办公室是工作的严肃场所，不是吗？

（5）失败莫辞职，整军再出发

不管公开或未公开的办公室恋情，虽然失败，但都不足构成辞职理由，所以恋情失败者应该冷静思考，权衡利弊。

证券公司业务员薛小姐曾经因办公室男友移情别恋而萌去职之意，后来看到“张曼玉情书被男友公开，仍勇于面对大众”的报道，猛然醒悟：如为了一段失败恋情而扼杀掉事业前途，只表示她是不成熟女性，一味逃避问题而已。

于小姐曾在人尽皆知的办公室恋情无望后，灰心难过，但她很快从工作表现中找回自信。她承认最难的是在办公室面对他时，还得强迫自己调整回“同事”的过程。她也省悟，接下难度较高的工作，让自己更专心，确是最好的感情康复法。

这些都只是探讨一些正常情况下的恋情，但是办公室之中，还存在着许多非理性的东西。比如，一直以来，人们往往津津乐道于男女同事之间的秘闻：好色的老板，绕着办公桌追逐穿着薄似轻纱的女秘书；作家更是以男女同事在推开办公室门的一刹那的情节来给乏味的生活增添些许色彩。

是的，一男一女在一间仅仅放得进两台四屉文件柜的办公室里，假如说两个人能够建立某种亲善的关系，这本身往往有些喜剧的色彩。

但是，许多聪明的白领女性会发现办公室里的性并不是儿戏，一个女人往往要比男人从暧昧关系中丧失更多的东西。比如，男上司在公司里有着稳固的地位，就算是出了什么事情，也会有保护的屏障，很少有公司会由于生活上的不检点而解雇一位资深的高级职员。

而女职员的位置却似乎没有这么安稳，这种同事间的暧昧关系往往使她丢了饭碗。就算她获得了公司的提拔，也少不了遭受人们的流言蜚语，说她的升职是一路睡上去的。

假如职业女性不想遭受男人的性进攻，她们为什么不避而远之呢？事实上，她们对进攻性的行为，往往不能一眼识破：什么样的眨眼才会被认为是暗送秋波而不是漫不经心的呢？男人邀请你去吃饭是不是安全呢？

有的时候，她们识破了男人的意图，但是却不知该如何应付。还有就是，有时女人认为自己是在向男人表现友好的行为，男人却把这种行为看作是“请上吧”的方式。

许多女人从小所受到的教育就使她们懂得了如何行事方能赢得男人的称赞，但是她们的这些行为却被有些男人理解为性信号。假如一个男人根据在他认为是绿灯的信号采取行动而被女人拒绝的话，他肯定会火冒三丈，并会认为他有权报复。

随着愈来愈多的女性加入职业大军，两性都有必要使他们的信号清晰无误。就算是在最有利的情况下，办公室里的浪漫史也往往错综复杂，往往是痛苦的——在许多情况下是得不偿失的。但是假如有些事情你能做得理智一些，那么你的处境则不会很糟。